Expérimentations sur les courants alternatifs à haut potentiel et à haute fréquence

Nikola **Tesla**

Discovery Publisher

Titre original : « Experiments with Alternate
Currents of High Potential and High Frequency »

Pour l'édition française :
2022, ©Discovery Publisher
Tous droits réservés.

Auteur : Nikola Tesla
Traduction : Margaux Ferbus, Dakota Bigot, Amin Khemili

616 Corporate Way
Valley Cottage, New York
www.discoverypublisher.com
editors@discoverypublisher.com
Fièrement pas sur Facebook ou Twitter

New York • Paris • Dublin • Tokyo • Hong Kong

Table des matières

Expérimentations sur les courants alternatifs à haut potentiel et à haute fréquence

Nikola **Tesla**

Esquisse biographique
de Nikola Tesla

Tandis qu'une large portion des familles européennes déferle à l'ouest depuis trois ou quatre centaines d'années, s'installant sur les vastes continents de l'Amérique, une autre portion, plus petite, sert de frontière à l'Ancien monde, protégeant l'arrière en repoussant les « innommables Turcs » et en reconquérant progressivement les belles terres endurant la malédiction du règne mahométan. Pendant longtemps, le peuple slave (qui, après la bataille de Kosovo Polje, au cours de laquelle les Turcs vainquirent les Serbes, se retirèrent aux confins du Monténégro actuel, de la Dalmatie, de l'Herzégovine, de la Bosnie et de la « frontière » autrichienne) sut ce qu'était que de faire face, comme le firent nos pionniers occidentaux, à des ennemis rongeant sans cesse leur frontière ; et les races de ces pays, à travers leur lutte éprouvante contre les armées du Croissant, développèrent des qualités notables de courage et de sagacité, tout en maintenant un patriotisme et une indépendance inégalés par d'autres nations.

Ce fut dans cette intéressante région frontalière, et parmi ces vaillantes gens de l'est, que Nikola Tesla naquit en 1857, et le fait qu'il se trouve aujourd'hui en Amérique et qu'il soit l'un de nos principaux électriciens est une évidence frappante de l'attirance extraordinaire de la recherche électrique et du pays où l'électricité jouit de sa plus vaste application.

M. Tesla naquit à Smiljan, dans le comitat de Lika, où son père était un éloquent prêtre de l'Église orthodoxe grecque, au sein de laquelle, par ailleurs, sa famille est encore notoirement représentée. Sa mère jouissait d'une grande célébrité à travers la région pour son habileté et son originalité à la broderie, et elle transmit certainement son ingéniosité à Nikola ; bien que celle-ci prît naturellement une autre direction plus masculine.

Le garçon fut rapidement initié à la lecture, et après le déménagement de son père à Gospić il passa quatre ans en école publique, puis, plus tard, trois ans à l'école Real, comme on l'appelle. Ses escapades furent comme la plupart de celles que les garçons vifs d'esprit traversent, bien qu'il variât du programme habituel à une occasion en s'emprisonnant dans une chapelle isolée au cœur d'une montagne qui était rarement visitée pour l'office ; et à une autre occasion en tombant tête la première dans une grande marmite de lait bouillant, tout juste trait des troupeaux paternels. Un troisième épisode curieux fut celui lié à ses efforts pour s'envoler lorsque, essayant de naviguer dans les airs à l'aide d'un vieux parapluie, il chuta, comme on pouvait s'y attendre, très brutalement, et fut alité pendant six semaines.

À cette période il commença à apprécier l'arithmétique et la physique. Une de ses drôles de lubies était de tout compter par trois ou diviser par trois. Il fut ensuite envoyé chez une tante à Karlovac, en Croatie, pour terminer ses études dans l'école connue sous le nom de Higher Real. Ce fut là qu'il vit pour la première fois un moteur à vapeur venant des forteresses rurales, avec un plaisir dont il se souvient encore à ce jour. À Karlovac il fut si diligent qu'il réussit à condenser ses quatre années d'études en seulement trois, et fut diplômé en 1873. De retour chez lui, pendant une épidémie de choléra, il fut frappé par la maladie et souffrit si gravement des séquelles que ses études furent interrompues pendant deux années entières. Mais son temps ne fut pas perdu, car il était devenu passionné par l'expérimentation, et il dévoua son énergie autant que ses moyens et son temps libre le lui permirent à l'étude et la recherche électrique. Jusqu'à cette période, l'intention de son père était de faire de lui un prêtre, et cette idée pesait sur le jeune physicien comme une véritable épée de Damoclès. Finalement, il l'emporta face à son digne, mais réticent géniteur, qui l'envoya à Graz en Autriche pour terminer ses études à l'École polytechnique, et pour se préparer à travailler en tant que professeur de mathématiques et de physique. À Graz, il vit et travailla sur une machine de Gramme pour la première fois, et fut tellement frappé par les objections liées à l'utilisation de commutateurs et de balais de charbon qu'il décida instantanément de remédier à ce défaut des machines dynamo-électriques. Au cours de sa deuxième année d'études, il abandonna son intention de devenir professeur et commença le programme d'ingénierie. Il retourna chez lui après trois ans d'absence, malheureusement, à la mort de son père ; mais, ayant décidé de s'installer en Autriche, et reconnaissant la valeur des connaissances linguistiques, il se rendit à Prague puis à Budapest dans le but de maîtriser les langues qu'il jugeait nécessaires. Jusqu'alors il ne s'était jamais rendu compte des énormes sacrifices que ses parents avaient faits pour soutenir son éducation, mais il commençait désormais à souffrir financièrement et à s'éloigner de plus en plus de l'image de François-Joseph Ier. Il y avait un décalage considérable entre l'envoi de ses dépêches et celui des versements correspondants depuis sa maison ; et lorsque la formule mathématique exprimant la valeur du décalage prit la forme d'un huit aplati sur son dos, M. Tesla devint un très bon exemple de grandeur d'esprit et de vie simple, mais il accepta cette lutte et fut déterminé à finir ses études en dépendant uniquement de ses propres ressources. Ne souhaitant pas être connu en tant que jeûneur, il se mit à chercher un travail, et grâce à l'aide d'amis il obtint un poste d'assistant dans le département d'ingénierie des télégraphes gouvernementaux. Le salaire était de cinq dollars la semaine. Cela le fit entrer en contact direct avec des travaux et des idées électriques pratiques, mais il n'est pas nécessaire de préciser que ses moyens ne lui permettaient pas de faire beaucoup d'expérimentations. Au moment où il eut extrait plusieurs centaines de milliers de racines carrées et cubiques pour le bien public, les limitations, financières et autres, de cette position était devenues douloureusement apparentes, et il conclut que la meilleure chose à faire était de concevoir une invention de grande valeur. Il se mit immédiatement à créer des inventions, mais leur valeur n'était visible que grâce à la foi, et elles n'apportèrent aucune eau à son moulin. Juste à ce moment, le téléphone fit son entrée en Hongrie, et le succès de cette grande invention détermina sa carrière, alors que la profession lui avait jusqu'alors semblé sans espoir. Il s'associa rapidement au travail téléphonique, et créa diverses inventions téléphoniques, dont un répéteur opérationnel ; mais il ne lui fallut pas longtemps pour découvrir que, étant si éloigné de la scène de l'activité électrique, il était susceptible de passer du temps sur des objectifs et des résultats déjà atteints par d'autres, et de perdre de vue le sien. Attendant impatiemment de nouvelles opportunités, et étant anxieux vis-à-vis du progrès personnel qu'il pensait pouvoir atteindre, s'il réussissait au moins une fois à se placer au sein des influences géniales et directes du *gulf stream* de la recherche électrique, il se détacha des liens et traditions du passé, et partit pour Paris en 1881. Arrivant dans la ville, l'ardent jeune homme originaire de Lika obtint un emploi en tant qu'ingénieur électrique au sein de l'une des plus grandes entreprises d'éclairage électrique. L'année suivante il se rendit à Strasbourg pour installer une centrale, et de retour à Paris il chercha à réaliser un certain nombre d'idées qui s'étaient alors métamorphosées en inventions. À ce moment-là, cependant, le progrès remarquable de l'Amérique dans l'industrie électrique attira son attention, et une fois encore misant tout sur un seul jet de dés, il traversa l'Atlantique.

M. Tesla se mit au travail dès qu'il débarqua sur ces côtes, y investit ses meilleures idées et son plus grand savoir-faire, et vit bientôt des opportunités s'ouvrir à son talent. Peu de temps après, on lui proposa de démarrer sa propre entreprise, et, acceptant les conditions, il élabora sans tarder un système pratique de lampe à arc, ainsi qu'une méthode potentielle de dynamorégulation, qui est sous une de ses formes désormais connues comme la « régulation à trois balais de charbon ». Il conçut également un moteur thermomagnétique et d'autres appareils similaires, sur lesquels on publia peu, à cause de complications légales. Au début de 1887 la Tesla Electric Company de New York fut créée, et peu de temps après M. Tesla fabriqua ses remarquables moteurs à courants alternatifs polyphasés ayant marqué leur époque, à partir desquels, retournant à ses idées d'antan, il fit évoluer des machines sans commutateur ni balai. On se souviendra du fait qu'au moment où M. Tesla mit en vente ses moteurs, et lut son article bien réfléchi devant l'American Institute of Electrical Engineers, le Professeur Ferraris, en Europe, publia sa découverte des principes analogues à ceux énoncés par M. Tesla. Il n'y a cependant aucun doute sur le fait que M. Tesla était un inventeur indépendant de ce moteur à champ tournant, car même s'il fût précédé vis-à-vis des dates par Ferraris, il n'aurait pas pu connaître le travail de ce dernier étant donné qu'il n'avait pas été publié. Le Professeur Ferraris déclara lui-même, avec une modestie bienséante, qu'il ne pensait pas que Tesla eût vent de ses expériences (celles de Ferraris) à l'époque, et il ajouta qu'il pensait que Tesla était un inventeur indépendant et original de ce principe. Avec une telle reconnaissance de la part de Ferraris, il ne peut y avoir de doute quant à l'originalité de Tesla à ce sujet.

Le travail de M. Tesla dans ce domaine était extraordinairement opportun, et sa valeur fut promptement appréciée dans divers domaines. La Westinghouse Electric Company acquit les brevets de Tesla et entreprit de développer son moteur et de l'appliquer à divers types d'emplois. Son utilisation dans l'exploitation minière, et son emploi dans l'imprimerie, la ventilation, etc. fut décrite et illustrée dans *The Electrical World* il y a quelques années. L'immense stimulus qu'apporta l'annonce du travail de M. Tesla à l'étude des moteurs à courant alternatif serait, en soi, assez pour l'ériger en meneur.

M. Tesla a seulement 35 ans. Il est grand et mince, avec un visage soigné, fin et raffiné, et des yeux rappelant toutes les histoires parlant d'une soif de créativité et d'une capacité phénoménale à voir à travers les choses. Il est un lecteur omnivore, qui n'oublie jamais ; et il possède cette facilité particulière dans les langues vivantes qui permet aux originaires d'Europe de l'Est les moins éduqués de parler et d'écrire dans au moins une douzaine de langues. On ne pourrait désirer compagnon plus agréable au cours des heures où l'on « répand son cœur en généreux discours », et lorsque la conversation, qui était au départ au sujet de choses à portée et proches de nous, devient hors de portée et s'élève à des questions plus importantes sur la vie, le devoir et la destinée.

En 1890 il rompit sa connexion avec la Westinghouse Company, et depuis lors il se consacre entièrement à l'étude des courants alternatifs à hautes fréquence et à très hauts potentiels, avec lesquels cette étude est présentement engagée. Il n'est pas nécessaire de commenter ses réussites intéressantes dans ce domaine ; la célèbre conférence de Londres publiée dans ce volume en est une preuve en elle-même. Sa première conférence au sujet de ses recherches dans cette nouvelle branche de l'électricité, dont on peut dire qu'il l'a créée, fut délivrée devant l'American Institute of Electrical Engineers le 20 mai 1891, et demeure l'un des articles les plus intéressants jamais lus devant cet institut. Celui-ci sera réimprimé en entier dans le numéro du 11 juillet 1891 de *The Electrical World*. Sa publication suscita un tel intérêt à l'étranger qu'il reçut de nombreuses requêtes de la part d'ingénieurs et scientifiques électriciens anglais et français lui demandant de la répéter dans ces pays, et dont le résultat est la publication de cette remarquable conférence au sein de ce volume.

La présente conférence présuppose une connaissance de la précédente, mais elle peut être lue et comprise par quiconque même s'il n'a pas lu la plus ancienne. Elle forme une sorte de continuation de cette dernière, et inclut principalement les résultats de ses recherches depuis lors.

Expérimentations sur les courants alternatifs à haut potentiel et à haute fréquence

Expérimentations sur les courants alternatifs à haut potentiel et à haute fréquence

Les mots me manquent pour exprimer à quel point je me sens honoré de parler devant quelques-uns des principaux penseurs de notre époque, et devant tant de scientifiques, ingénieurs et électriciens compétents, dans le pays des plus grandes avancées scientifiques.

Je ne peux m'attribuer les résultats que j'ai l'honneur de présenter devant une telle assemblée. Nombreux parmi vous ont de meilleures revendications que moi sur le moindre mérite que pourrait posséder cette étude. Je n'ai nul besoin de mentionner les nombreux noms célèbres à travers le monde (les noms de ceux parmi vous qui sont reconnus comme étant les chefs de file de cette science enchanteresse), mais je dois au moins en mentionner un nom qui ne pourrait être omis dans une telle démonstration. C'est un nom associé à la plus belle invention jamais créée : le nom de Crookes !

Lorsque j'étais à l'université, il y a longtemps, j'ai lu, dans une version traduite (car à l'époque je n'étais pas familiarisé avec votre magnifique langue), la description de ses expériences sur la matière radiante. Je ne l'ai lu qu'une seule fois dans ma vie (cette fois-là), néanmoins je me souviens encore aujourd'hui de chaque détail de cette charmante étude. Laissez-moi vous dire qu'il existe peu de livres pouvant faire une telle impression sur l'esprit d'un étudiant.

Mais si je mentionne aujourd'hui, à cette occasion, ce nom comme étant l'un des nombreux dont votre institution peut se vanter, c'est parce que j'ai plus d'une raison pour le faire. Car ce que j'ai à vous dire et à vous montrer ce soir concerne, dans une large mesure, ce même monde incertain que le Professeur Crookes a si complètement exploré ; et, de plus, lorsque je retrace le processus mental qui m'a mené à ces avancées (avancées que, même moi, je ne peux considérer comme étant insignifiantes, puisque vous les appréciez autant) je crois que leur véritable origine, celle qui m'a poussé à travailler dans cette direction, et qui m'a amené à elles, au terme d'une longue période de réflexion constante, fut ce fascinant petit livre que j'ai lu il y a tant d'années.

Et maintenant que j'ai fait un piètre effort pour exprimer mes hommages et reconnaître ma dette envers lui et d'autres parmi vous, je vais faire un second effort, que j'espère vous ne trouverez pas aussi peu convaincant que le premier, afin de vous divertir.

Laissez-moi présenter le sujet en quelques mots.

Il y a peu de temps, j'ai eu l'honneur de présenter devant notre *American Institute of Electrical Engineers*[1] quelques résultats que j'avais alors obtenus dans une nouvelle branche de travail. Je n'ai nul besoin de vous assurer que les nombreuses preuves que j'ai reçues du fait que des scientifiques et ingénieurs anglais étaient intéressés par ce travail ont été pour moi une grande récompense et d'importants encouragements. Je ne m'étendrai pas sur les expériences déjà décrites, sauf afin de compléter, ou d'exprimer plus clairement, certaines idées que j'ai auparavant avancées, et également afin de rendre cette étude indépendante, et mes remarques sur le sujet de la conférence de ce soir consistantes.

Cette étude, donc, cela va sans dire, traite des courants alternatifs, et, plus précisément, des courants alternatifs à haut potentiel et à haute fréquence. À quel point une très haute fréquence est essentielle pour produire les résultats présentés est une question à laquelle, même avec mon expérience actuelle, je ne pourrais répondre sans me mettre dans l'embarras. Quelques-unes de ces expériences peuvent être réalisées avec de basses fréquences ; mais de très hautes fréquences sont souhaitables, non seulement en raison des nombreux effets assurés par leur utilisation, mais aussi, car elles sont un moyen pratique d'obtenir, dans l'appareil à induction employé, les hauts potentiels, qui à leur tour sont nécessaires à la démonstration de la plupart des expériences ici observées.

Parmi les diverses branches de la recherche électrique, il est possible que la plus intéressante et la plus immédiatement prometteuse

---

1. Pour consulter la conférence de M. Tesla à ce sujet, voir le numéro de *The Electrical World* du 11 juillet 1891, et pour un compte-rendu de sa conférence en France voir le numéro de *The Electrical World* du 26 mars 1892.

soit celle étudiant les courants alternatifs. Le progrès effectué dans cette branche de science appliquée a été si important ces dernières années qu'il donne lieu aux espoirs les plus optimistes. À peine devenons-nous familiers avec un fait, que de nouvelles expériences sont faites et de nouvelles pistes de recherche sont ouvertes. Même à cette heure, des possibilités auparavant inespérées sont, grâce à l'utilisation de ces courants, en partie réalisées. Comme dans le milieu naturel où tout est flux et reflux, tout est lié au mouvement des vagues, il semble que les courants alternatifs (les vagues électriques) auront une influence dans toutes les branches de l'industrie.

Une des raisons, peut-être, expliquant pourquoi cette branche de la science est si rapidement développée se trouve dans l'intérêt lié à son étude expérimentale. Nous enroulons un simple anneau de fer autour de bobines ; nous établissons les connexions au générateur, et nous notons avec plaisir et émerveillement les effets de forces étranges que nous mettons en jeu, qui nous permettent de transformer, de transmettre et de diriger l'énergie à notre gré. Nous organisons les circuits correctement, et nous voyons la masse de fer et de fils électriques réagir comme s'ils étaient doués de vie, faisant tourner une lourde armature, grâce à des connexions invisibles, avec une grande force et une grande puissance (avec l'énergie pouvant être transmise depuis une grande distance). Nous observons comment l'énergie d'un courant alternatif traversant les fils électriques se manifeste (pas tant dans le fil que dans l'espace environnant) de façons des plus surprenantes, en prenant la forme de chaleur, de lumière, d'énergie mécanique, et la plus étonnante des formes, même celle d'affinité chimique. Toutes ces observations nous fascinent, et nous emplissent d'un intense désir d'en connaître plus sur la nature de ces phénomènes. Chaque jour, nous allons au travail dans l'espoir de découvrir ces choses (dans l'espoir que quelqu'un, peu importe qui, trouve une solution à l'un des importants problèmes attendant d'être résolus), et jour après jour nous retournons à notre tâche avec une ardeur renouvelée ; et même si nous *ne rencontrons pas* le succès, notre travail n'aura pas été vain, car dans ces efforts, dans ces tentatives, nous avons ressenti des heures de plaisir indicible, et nous avons dirigé nos énergies vers le bien de l'humanité.

Nous pouvons prendre (au hasard, si vous le voulez) n'importe laquelle des nombreuses expériences pouvant être réalisées avec les courants alternatifs ; seules quelques-unes d'entre elles, et certainement pas les plus frappantes, constituent le sujet de la démonstration de ce soir ; elles sont toutes aussi intéressantes, aussi propices à la réflexion.

Voici un simple tube en verre dont l'air a été partiellement extrait. Je le prends ; je mets mon corps au contact d'un fil électrique conduisant des courants alternatifs à haut potentiel, et le tube dans ma main est brillamment illuminé. Dans quelque position que le je mette, où que j'aille dans l'espace, aussi loin que je le puisse, sa douce et agréable lumière persiste sans perdre de son éclat.

Voici une ampoule vidée de son air suspendue à un unique fil électrique. Debout sur un support isolé, je l'attrape, et un bouton en platine installé à l'intérieur devient vivement incandescent.

Voici, attachée à un fil conducteur, une autre ampoule, qui, quand je touche son soquet métallique, est emplie de magnifiques couleurs de lumière phosphorescente.

En voici encore une autre, qui quand je la touche projette une ombre ; l'ombre de Crookes, de la tige à l'intérieur.

Ici, me tenant à nouveau sur une plateforme isolée, je fais entrer mon corps en contact avec l'un des terminaux du secondaire de cette bobine d'induction (à la fin d'un fil électrique long de plusieurs kilomètres) et vous pouvez voir des rayons de lumière émerger de son extrémité lointaine, qui est prise de violentes vibrations.

Ici, une fois encore, j'attache ces deux plaques de toile métallique aux terminaux de la bobine, je les place à une certaine distance l'une de l'autre, et j'enclenche la bobine. Vous pouvez voir une petite étincelle passer entre les plaques. J'insère entre elles une plaque épaisse de l'un des meilleurs diélectriques, et au lieu de le rendre tout à fait impossible, comme ce à quoi nous nous attendons d'ordinaire, j'*aide* le passage de la décharge, qui, quand j'insère la plaque, change simplement d'apparence et prend la forme de rayons lumineux.

Existe-t-il, je vous demande, peut-il exister une étude plus intéressante que celle des courants alternatifs ?

Dans toutes ces recherches, dans toutes ces expériences, qui sont si, si intéressantes, depuis de nombreuses années (depuis que le plus grand expérimentateur qui donna une conférence dans cette salle a découvert son principe), nous avons eu un compagnon constant, un appareil familier de tous, autrefois un jouet, désormais une chose d'une importance capitale : la bobine d'induction. Il n'existe pas d'appareil plus cher aux yeux d'un électricien. Des plus compétents d'entre vous, j'ose dire, jusqu'au plus inexpérimenté des étudiants, et jusqu'à votre conférencier, nous avons tous passé de nombreuses et plaisantes heures à expérimenter avec la bobine d'induction. Nous avons observé ses effets, et nous avons réfléchi et songé au sujet des superbes phénomènes qu'elle dévoilait à nos yeux ravis. Cet appareil est si bien connu, ces phénomènes si familiers de tous, que mon courage me quitte presque lorsque je songe au fait que je me suis aventuré à parler devant un public si compétent, que je me suis risqué à vous divertir avec ce sujet vu et revu. Ici, en vérité, se trouvent le même appareil, et les mêmes phénomènes, mais l'appareil est opéré d'une manière quelque peu différente, et les phénomènes sont présentés sous un aspect différent. Certains résultats sont ceux auxquels nous nous attendions, d'autres nous surprennent, mais tous captivent notre attention, car dans la recherche scientifique chaque nouveau résultat obtenu peut être un nouveau point de départ, chaque nouveau fait appris peut mener à d'importants développements.

D'ordinaire en opérant une bobine d'induction, nous déclenchons une vibration de fréquence modérée dans le primaire, soit grâce à un interrupteur ou un disjoncteur, soit grâce à un alternateur. Les premiers chercheurs anglais, pour ne nommer que Spottiswoode et J. E. H. Gordon, ont utilisé un disjoncteur rapide connecté à la bobine. Nos connaissances et notre expérience actuelles nous permettent de voir clairement pourquoi ces bobines, sous les conditions de ces tests, n'ont pas dévoilé de phénomène remarquable, et pourquoi des expérimentateurs compétents n'ont pas réussi à percevoir nombre des curieux effets qui ont été observés depuis.

Au cours des expériences telles que celles réalisées ce soir, nous opérons la bobine soit à l'aide d'un alternateur construit spécialement pour l'occasion capable de donner plusieurs milliers d'inversions de courant par seconde, soit, en déchargeant de façon disruptive un condensateur à travers le primaire, nous créons une vibration dans le circuit secondaire d'une fréquence de plusieurs centaines de milliers voire millions de vibrations par seconde, si nous le désirons ; et en utilisant l'un ou l'autre de ces moyens, nous entrons dans un domaine encore inexploré.

Il est impossible de poursuivre des recherches dans une nouvelle branche sans éventuellement faire quelques observations intéressantes ou sans apprendre quelques faits utiles. Le fait que cette affirmation puisse s'appliquer au sujet de cette conférence est efficacement prouvé par les nombreux phénomènes curieux et inattendus que nous observons. Pour illustrer, prenez par exemple les phénomènes les plus évidents, ceux de la décharge de la bobine d'induction.

Voici une bobine qui est opérée par des courants vibrants à une extrême rapidité, obtenus en déchargeant une bouteille de Leyde de façon disruptive. Un étudiant ne serait pas surpris d'entendre le conférencier expliquer que le secondaire de cette bobine consiste en un fil électrique court et relativement robuste ; cela ne le surprendrait pas si le conférencier affirmait que, malgré cela, la bobine est capable de donner n'importe quel potentiel qui peut être supporté par la meilleure isolation des tours ; mais bien qu'il puisse être préparé, voire indifférent au résultat anticipé, l'aspect de la décharge de la bobine le surprendra et l'intéressera néanmoins. Chacun est familier de la décharge d'une bobine ordinaire ; nous n'avons pas besoin de la reproduire ici. Cependant, à titre de comparaison, voici une forme de décharge d'une bobine, dont le courant primaire vibre plusieurs centaines de milliers de fois par seconde. La décharge d'une bobine ordinaire apparaît comme une simple ligne ou bande de lumière. La décharge de cette bobine apparaît sous la forme de puissantes brosses et de rayons lumineux provenant de tous les points des deux fils droits attachés aux terminaux du secondaire (Fig. 1).

Comparons à présent ce phénomène dont vous venez d'être témoins avec la décharge d'une machine de Holtz ou de Wimshurst, cet autre intéressant appareil si cher aux yeux de l'expérimentateur. Quelle différence entre ces deux phénomènes ! Et pourtant, si j'avais fait les arrangements nécessaires (qui auraient pu être réalisés facilement, s'ils n'interféraient pas avec d'autres expériences), j'aurais pu produire avec cette bobine des étincelles que, si j'avais caché la bobine hors de votre vue et exposé seulement deux boutons, même le plus fin observateur parmi vous aurait trouvées difficiles, voire impossibles, à distinguer de celles d'une machine à influence ou à frottement. Cela peut être fait de nombreuses façons, par exemple, en opérant la bobine d'induction qui charge le condensateur d'une machine à courant alternatif à très basse fréquence, et de préférence en ajustant le circuit de décharge afin que des oscillations ne soient pas produites à l'intérieur.

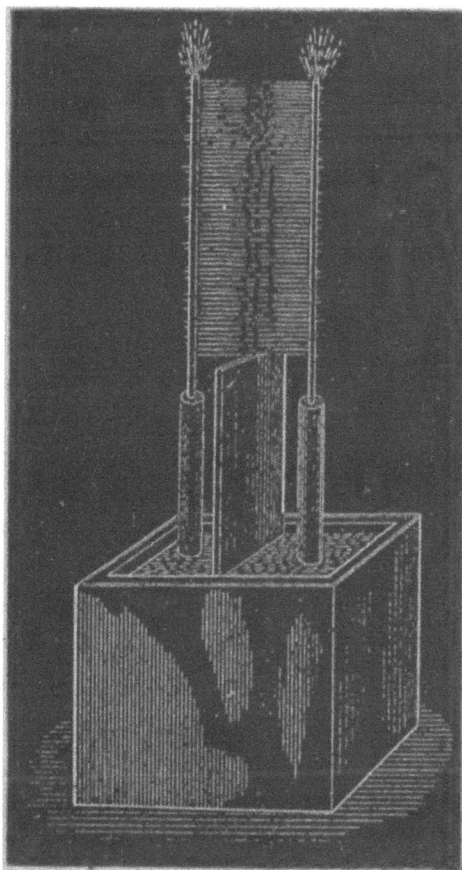

Fig. 1 – La décharge entre deux fils électriques à des fréquences
de plusieurs centaines de milliers par seconde.

Nous obtenons alors dans le circuit secondaire, si les boutons sont de la bonne taille et correctement installés, une succession plus ou moins rapide d'étincelles d'une grande intensité et en petite quantité, qui possèdent la même brillance, et sont accompagnées par le même bruit de craquements perçants, comme ceux obtenus à l'aide d'une machine à frottement ou à influence.

Une autre façon de procéder est de faire passer par deux circuits primaires, ayant un secondaire commun, deux courants d'une période légèrement différente, qui produisent dans le circuit secondaire des étincelles apparaissant à intervalles relativement longues. Mais, même avec les moyens à notre disposition ce soir, je peux réussir à imiter l'étincelle d'une machine de Holtz. Dans ce but, j'établis entre les terminaux de la bobine qui charge le condensateur un arc long et mobile, qui est périodiquement interrompu par le courant d'air ascendant qu'il produit. Afin d'augmenter l'intensité du courant d'air, je place de chaque côté de l'arc, près de celui-ci, une large plaque de mica. Le condensateur chargé par cette bobine se décharge dans le circuit primaire d'une deuxième bobine à travers un petit trou d'air, qui est nécessaire pour produire un soudaine charge de courant dans le primaire. Le schéma de connexions de cette expérience est indiqué dans la Fig. 2.

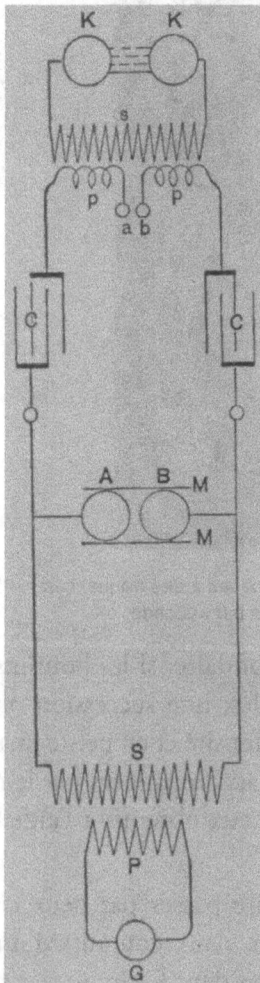

G est un alternateur ordinaire, qui approvisionne le primaire *P* d'une bobine d'induction, dont le secondaire *S* charge les condensateurs ou bouteilles *C C*. Les terminaux du secondaire sont connectés aux revêtements intérieurs des bouteilles, les revêtements extérieurs étant connectés aux extrémités du primaire *p p* d'une deuxième bobine d'induction. Ce primaire *p p* possède un petit trou d'air *a b*.

Le secondaire *s* de cette bobine est pourvu de boutons ou sphères *K K* de la bonne taille et placés à une distance appropriée pour l'expérience.

Un long arc est établi entre les terminaux *A B* de la première bobine d'induction. *M M* désigne les plaques de mica.

Fig. 2 – Imiter l'étincelle d'une machine de Holtz.

À chaque fois que l'arc est brisé entre *A* et *B* les bouteilles sont rapidement chargées et déchargées à travers le primaire *p p*, produisant alors une étincelle et des claquements entre les boutons *K K*. Le potentiel tombe sur l'arc se formant entre *A* et *B*, et les bouteilles ne peuvent pas être chargées à un potentiel assez élevé pour franchir le trou d'air *a b* jusqu'à ce que l'arc soit à nouveau brisé par le courant d'air.

De cette façon des impulsions soudaines sont produites, à de longs intervalles, dans le primaire *p p*, qui donnent dans le secondaire *s* un nombre correspondant d'impulsions d'une grande intensité. Si les boutons ou sphères secondaires, *K K,* sont de la bonne taille, les étincelles ressemblent énormément à celles d'une machine de Holtz.

Mais ces deux effets, qui paraissent très différents à l'œil nu, sont seulement deux parmi les nombreux phénomènes de décharge. Il nous suffit de changer les conditions du test, et encore une fois nous ferons d'autres observations dignes d'intérêt.

Lorsque, au lieu d'opérer la bobine d'induction comme dans les deux dernières expériences, nous l'opérons à l'aide d'un alternateur à haute fréquence, comme dans la prochaine expérience, l'étude systématique de ce phénomène est grandement facilitée. Dans ce cas, en variant la force et la fréquence des courants à travers le primaire, nous pouvons observer cinq formes de décharge distinctes, que j'ai décrites dans ma précédente étude sur le sujet[1] présenté devant l'American Institute of Electrical Engineers le 20 mai 1891.

Reproduire toutes ces formes prendrait trop de temps et nous éloignerait trop du sujet présenté ce soir, mais il me semble souhaitable de vous montrer l'une d'entre elles. C'est une décharge en brosse, ce qui est intéressant par plus d'un aspect. Vue de près, elle ressemble beaucoup à un jet de gaz s'échappant sous une forte pression. Nous savons que ce phénomène est dû à l'agitation des molécules près du terminal, et nous anticipons qu'une certaine chaleur doit être développée par l'impact des molécules contre le terminal ou les unes contre les autres. En effet, nous constatons que la brosse est chaude, et seule une petite idée nous amène à la conclusion que, si nous pouvions atteindre des fréquences suffisamment hautes, nous pourrions produire une brosse qui donnerait une lumière et une chaleur intenses, et qui

---

1. Voir le numéro de *The Electrical World* du 11 juillet 1891.

ressemblerait en tout point à une flamme ordinaire, sauf, peut-être, que les deux phénomènes pourraient ne pas être causés par le même agent ; sauf, peut-être, que l'affinité chimique pourrait ne pas être de nature *électrique*.

Comme la production de chaleur et de lumière est ici causée par l'impact des molécules, des atomes de l'air, ou de quelque chose de plus, et, comme nous pouvons augmenter l'énergie simplement en élevant le potentiel, nous pourrions, même avec les fréquences obtenues grâce à une machine dynamo-électrique, intensifier l'action à un degré assez élevé pour pousser le terminal à une température de fusion. Mais avec des fréquences aussi basses, nous obtiendrons toujours quelque chose de la nature d'un courant électrique. Si j'approche un objet conducteur de la brosse, une petite étincelle fine passe, néanmoins, même avec les fréquences utilisées ce soir, la propension à créer des étincelles n'est pas très élevée. Donc, par exemple, si je tiens une sphère métallique à une certaine distance au-dessus du terminal, vous pouvez voir tout l'espace entre le terminal et la sphère être illuminé par les rayons sans que l'étincelle passe ; et avec des fréquences bien plus hautes obtenues grâce à la décharge disruptive d'un condensateur, sans la présence des impulsions soudaines, qui sont relativement peu nombreuses, il n'y aurait pas d'étincelles même à de très petites distances. Cependant, avec des fréquences incomparablement plus élevées, pour lesquelles nous pouvons encore trouver un moyen de production efficace, et sous réserve que les impulsions électriques de fréquences aussi élevées puissent être transmises par un conducteur, les caractéristiques électriques de la décharge en brosse disparaîtraient complètement (il n'y aurait pas d'étincelle ni de choc), néanmoins nous obtiendrions toujours un phénomène *électrique*, mais dans l'interprétation d'ensemble, moderne du mot. Dans ma première étude susmentionnée, j'ai remarqué les curieuses propriétés de la brosse, et décrit la meilleure manière de la produire, mais j'ai pensé qu'il serait utile que je tente de m'exprimer plus clairement sur ce phénomène, à cause de son intérêt fascinant.

Lorsqu'une bobine est opérée avec des courants à très haute fréquence, de magnifiques effets de brosse peuvent être produits, même avec une bobine de relativement petite taille. L'expérimentateur peut les faire varier de nombreuses façons, et, si cela était leur seul intérêt, elles sont plaisantes à regarder. Ce qui accroît encore leur intérêt est le fait qu'elles puissent être créées aussi bien avec un seul terminal qu'avec deux (en fait, souvent mieux avec un seul qu'avec deux).

Mais de tous les phénomènes de décharge observés, les plus beaux, et les plus instructifs, sont ceux observés lorsqu'une bobine est opérée à l'aide de la décharge disruptive d'un condensateur. La puissance des brosses, l'abondance d'étincelles, lorsque les conditions sont patiemment ajustées, sont souvent extraordinaires. Même avec une très petite bobine, si elle est suffisamment isolée pour supporter une différence de potentiel de plusieurs milliers de volts par tour, les étincelles peuvent être si abondantes que la bobine tout entière peut sembler être une masse de feu.

Étonnamment, les étincelles, lorsque les terminaux de la bobine sont installés à une distance considérable, semblent fuser dans toutes les directions possibles comme si les terminaux étaient parfaitement indépendants l'un de l'autre. Étant donné que les étincelles détruiraient rapidement l'isolation, il est nécessaire de les en empêcher. La meilleure façon de faire cela est d'immerger la bobine dans un bon liquide isolant, tel que de l'huile bouillie. L'immersion dans un liquide peut être considérée presque comme une nécessité absolue pour le fonctionnement continu et réussi d'une telle bobine.

Il est évidemment hors de question, au cours d'une conférence expérimentale, avec seulement quelques minutes à disposition pour la réalisation de chaque expérience, de montrer ces phénomènes de décharge à leur maximum, puisque pour produire chaque phénomène à son maximum il est nécessaire de réaliser un ajustement très méticuleux. Mais même si elles sont produites imparfaitement, comme elles sont susceptibles de l'être ce soir, elles sont assez frappantes pour susciter l'intérêt d'un public intelligent.

Avant de montrer quelques-uns de ces curieux effets, je dois, afin d'être exhaustif, donner une courte description de la bobine et des autres appareils utilisés dans les expériences avec la décharge disruptive ce soir.

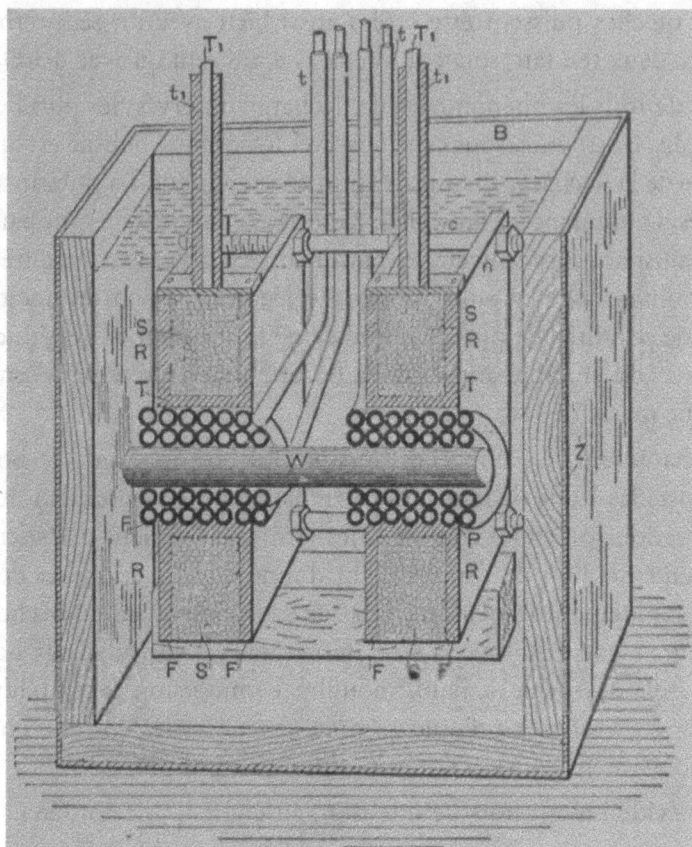

Fig. 3 – Bobine à décharge disruptive.

Cette bobine est contenue dans une boîte *B* (Fig. 3) faite de planches en bois épaisses, couvertes à l'extérieur d'une feuille de zinc *Z*, qui est méticuleusement soudée tout autour. Il pourrait être conseillé, pour une étude strictement scientifique, où l'exactitude est d'une grande importance, de faire sans la couverture en métal, car elle pourrait donner lieu à de nombreuses erreurs, principalement à cause de son action complexe sur la bobine, en tant que condensateur de très petite capacité et en tant qu'écran électrostatique et électromagnétique. Lorsque la bobine est utilisée pour des expériences telles que celles observées ici, l'emploi de couvertures en métal offre des avantages pratiques, mais qui ne sont pas d'une importance suffisante pour être détaillés.

La bobine doit être placée symétriquement par rapport à la couverture en métal, et l'espace entre les deux doit, évidemment, ne pas être trop étroit, il ne doit certainement pas faire moins de, disons, cinq centimètres, mais si possible bien plus que cela ; en particulier les deux côtés de la boîte en zinc, qui sont placés en angles droits par rapport à l'axe de la bobine, doivent être suffisamment éloignés de cette dernière, car sinon ils pourraient empêcher son action et être une source de pertes.

La bobine se compose de deux rouleaux de caoutchouc durci $R\,R$, tenus séparément à une distance de 10 centimètres par des boulons c et des écrous n, eux aussi en caoutchouc durci. Chaque rouleau comprend un tube T d'approximativement 8 centimètres de diamètre intérieur, et 3 millimètres d'épaisseur, sur lesquels sont vissés deux brides $F\,F$, de 24 centimètres carrés, avec un espace entre les brides d'environ 3 centimètres. Le secondaire, $S\,S$, constitué d'un fil couvert de la meilleure gutta-percha, possède 25 couches, de chacune 10 tours, ce qui donne pour chaque moitié un total de 250 tours. Les deux moitiés sont enroulées à l'opposé l'une de l'autre et sont connectées en série, la connexion entre les deux étant faite sur le primaire. Cette disposition, en plus d'être pratique, possède l'avantage que, lorsque la bobine est bien équilibrée (c'est-à-dire, lorsque ses terminaux $T_1\,T_1$ sont connectés à des parties ou des appareils d'une capacité équivalente), il n'y a que peu de risque de franchissement vers le primaire, et donc l'isolation entre le primaire et le secondaire n'a pas besoin d'être épaisse. Lors de l'utilisation de la bobine, il est conseillé d'attacher aux *deux* terminaux des appareils de capacité presque équivalente, étant donné que, lorsque la capacité des terminaux n'est pas équivalente, les étincelles peuvent passer sur le primaire. Pour éviter cela, le point central du secondaire peut être connecté au primaire, mais ce n'est pas toujours réalisable.

Le primaire $P\,P$ est enroulé en deux parties, l'une opposée à l'autre, sur un rouleau en bois W, et les quatre extrémités sont amenées hors de l'huile par des tubes en caoutchouc durci $t\,t$. Les extrémités du secondaire $T_1\,T_1$ sont aussi amenées hors de l'huile par des tubes en caoutchouc durci $t_1\,t_1$ d'une grande épaisseur. Les premières et deuxièmes couches sont isolées par du tissu en coton, l'épaisseur de l'isolation étant, évidemment, proportionnelle à la différence de potentiel entre les tours des différentes couches. Chaque moitié du primaire possède quatre couches, qui ont 24 tours chacune, ce qui donne un total de 96 tours. Lorsque les deux parties sont connectées en série, cela donne un ratio de conversion d'environ 1 : 2,7, et avec les primaires en multiple, 1 : 5,4, mais en opérant avec des courants alternant très rapidement, ce ratio ne donne pas une idée même approximative du ratio de champs électromagnétiques dans les circuits primaire et secondaire. La bobine est maintenue en place dans l'huile sur des supports en bois, l'épaisseur de l'huile étant d'environ 5 centimètres tout autour. Là où l'huile n'est pas particulièrement nécessaire, l'espace est rempli de pièces de bois, et principalement à cet effet nous utilisons la boîte en bois *B* entourant le tout.

La construction ici exposée n'est, évidemment, pas la meilleure en termes de principes généraux, mais selon moi c'est une bonne construction pratique pour la production d'effets pour lesquels un potentiel excessif et un très petit courant sont nécessaires.

Connecté à la bobine, j'utilise soit la forme ordinaire de déchargeur soit une forme modifiée. Dans la première, j'ai introduit deux changements qui assurent quelques avantages, et qui sont évidents. S'ils sont mentionnés, c'est seulement dans l'espoir qu'un expérimentateur puisse les trouver utiles.

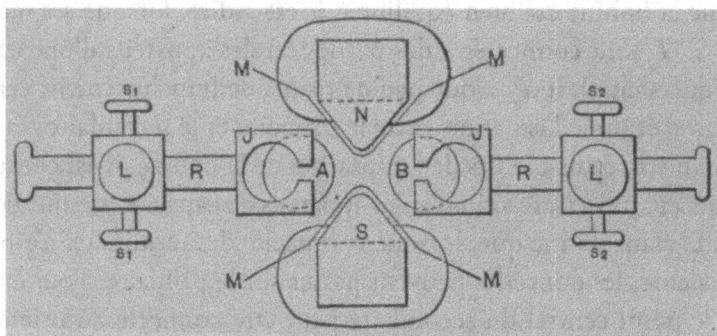

Fig. 4 – Agencement du déchargeur amélioré et d'un aimant.

L'un des changements est le fait que les boutons *A* et *B* (Fig. 4) du déchargeur sont maintenus par des pinces en cuivre *J J*, par la pression des ressorts, permettant ainsi de les tourner successivement dans des positions différentes, et donc de se débarrasser du processus fastidieux de les cirer fréquemment.

L'autre changement est l'emploi d'un puissant électroaimant *N S*, dont l'axe est placé en angles droits par rapport à la ligne joignant les boutons *A* et *B*, et qui produit un puissant champ magnétique entre eux. Les pièces sur les pôles de l'aimant sont déplaçables et correctement formées de façon à ressortir entre les boutons en cuivre, afin de rendre le champ aussi intense que possible ; mais pour empêcher la décharge de sauter sur l'aimant les pièces sur les pôles sont protégées par une couche de mica, $M M$, d'une épaisseur suffisante. $s_1 s_1$ e $s_2 s_2$ sont des vis pour attacher les fils électriques. De chaque côté, l'une des vis est pour les fils larges et l'autre pour les petits fils. $L L$ sont des vis pour maintenir en place les tiges $R R$, qui soutiennent les boutons.

Dans un autre agencement avec l'aimant je place la décharge entre les pièces rondes des pôles elles-mêmes, qui dans ce cas sont isolées et de préférence pourvues de capsules en cuivre poli.

L'emploi d'un champ magnétique intense est avantageux principalement lorsque la bobine d'induction ou le transformateur qui charge le condensateur est opéré par des courants à très basse fréquence. Dans ce cas, le nombre de décharges fondamentales entre les boutons peut être assez petit pour rendre les courants produits dans le secondaire inappropriés pour de nombreuses expériences. Le champ magnétique intense sert alors à éteindre l'arc entre les boutons dès qu'il est formé, et à produire les décharges fondamentales en successions plus rapides. Au lieu de l'aimant, un courant ou un souffle d'air peut être utilisé et possède quelques avantages. Dans ce cas, l'arc est de préférence établi entre les boutons $A B$, dans la Fig. 2 (les boutons a b étant généralement liés, ou complètement éliminés), puisque dans cette disposition l'arc est long et instable, et il est facilement affecté par le courant d'air.

Lorsqu'un aimant est utilisé pour briser l'arc, il est préférable de choisir la connexion indiquée sous forme de diagramme dans la Fig. 5, puisque dans ce cas les courants formant l'arc sont bien plus puissants, et le champ magnétique exerce une plus grande influence. L'utilisation de l'aimant permet, cependant, de remplacer l'arc par un tube vide, mais j'ai rencontré de grandes difficultés en travaillant avec un tube dont l'air a été extrait.

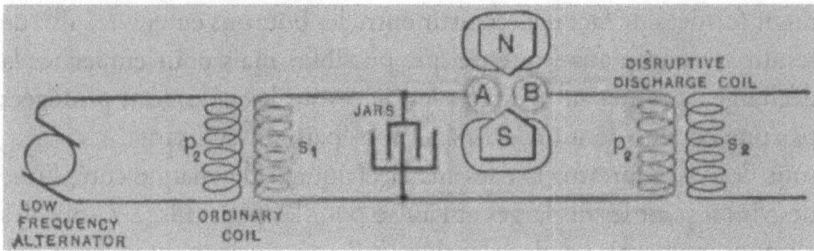

Fig. 5 – Agencement avec un alternateur à basse
fréquence et un déchargeur amélioré.

L'autre forme de déchargeur utilisé dans ces expériences et d'autres similaires est indiquée dans les Fig. 6 et 7.

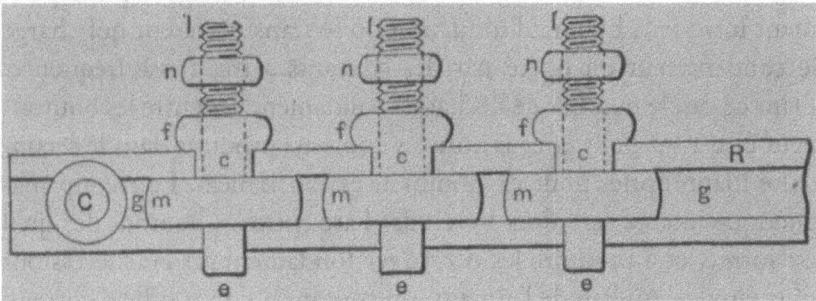

Fig. 6 – Déchargeur à trous multiples.

Il consiste en un certain nombre de pièces en cuivre $c\,c$ (Fig. 6), chacune d'elles comprenant une portion sphérique m au milieu, avec une extension e en dessous (qui est simplement utilisée pour attacher la pièce dans un tour lorsqu'on polit la surface de décharge) et une colonne au-dessus, qui consiste en une bride moletée f surmontée d'une tige enfilée l transportant un écrou n, grâce auquel un fil électrique est attaché à la colonne. La bride f est pratique, car elle sert à maintenir la pièce en cuivre lorsqu'on attache le fil électrique, et aussi à le tourner dans n'importe quelle position quand il devient nécessaire de présenter une surface de décharge fraîche. Deux solides bandes de caoutchouc durci $R\,R$, avec des rainures aplanies $g\,g$ (Fig. 7) pour correspondre à la portion du milieu des pièces $c\,c$, servent à fixer ces dernières et les maintenir fermement en place à l'aide de deux boulons $C\,C$ (dont seulement un est exposé) passant au travers des extrémités des bandes.

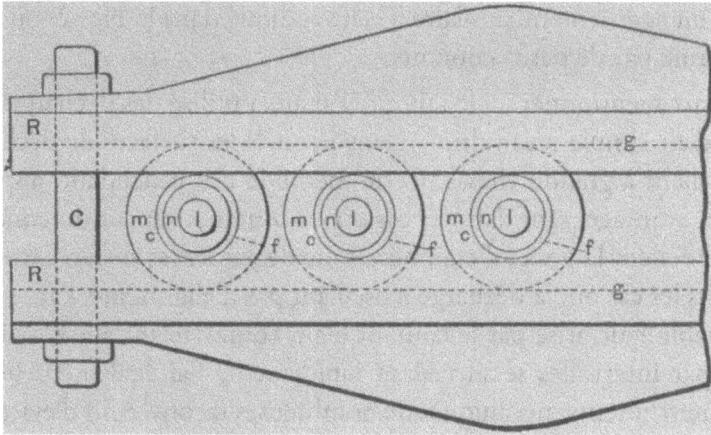

Fig. 7 – Déchargeur à trous multiples.

J'ai trouvé dans l'utilisation de ce type de déchargeur trois principaux avantages non présents dans la forme ordinaire. Premièrement, la force diélectrique d'une largeur d'espace d'air totale donnée est plus grande lorsque de nombreux petits trous d'air sont utilisés au lieu d'un, ce qui permet de travailler avec une plus petite longueur de trou d'air, et cela implique de plus petites pertes et moins de détérioration du métal ; deuxièmement, étant donné que l'arc est divisé en deux plus petits arcs, les surfaces polies sont faites pour durer bien plus longtemps ; et, troisièmement, ce mécanisme permet une certaine mesure au cours des expériences. J'installe généralement les pièces en plaçant entre elles des feuilles d'une épaisseur uniforme à une certaine très petite distance, dont on sait d'après les expériences de Sir William Thomson qu'elles nécessitent une certaine force électromotrice pour être couvertes par l'étincelle.

Il ne faut, bien sûr, pas oublier que la distance d'étincelle diminue grandement quand la fréquence est augmentée. En prenant n'importe quel nombre d'espaces, l'expérimentateur aura une vague idée de la force électromotrice, et il trouvera plus facile de répéter une expérience, puisqu'il n'aura pas le souci d'installer les boutons encore et encore. Avec ce type de déchargeur, j'ai été capable de maintenir un mouvement d'oscillation sans aucune étincelle visible à l'œil nu entre les boutons, et ils n'ont pas fait preuve d'une augmentation notable de leur température. Cette forme de décharge se prête également à de nombreux agencements de condensateurs et de circuits qui sont souvent pratiques et font gagner du temps. Je l'ai utilisée de préférence dans un agencement similaire à celui indiqué dans la Fig. 2, où l'arc est formé par de petits courants.

Je peux mentionner ici le fait que j'ai aussi utilisé des déchargeurs à trou d'air simple ou multiple, dans lesquels les surfaces de décharge tournaient à grande vitesse. Cette méthode n'a, cependant, apporté aucun avantage, sauf dans les cas où les courants venant du condensateur étaient larges et il était nécessaire de garder les surfaces froides, et dans les cas où, la décharge n'oscillant pas d'elle-même, l'arc aussitôt établi était brisé par le courant d'air, commençant ainsi la vibration par intervalles se succédant rapidement. J'ai également utilisé des interrupteurs mécaniques de nombreuses façons. Afin d'éviter les difficultés liées aux contacts de friction, le plan qu'il était préférable d'adopter était d'établir l'arc et de faire tourner à grande vitesse au travers de celui-ci un cercle de mica pourvu de nombreux trous et attaché à une plaque en acier. Il est, bien sûr, entendu que l'emploi d'un aimant, de courant d'air, ou d'un autre interrupteur, produit un effet digne d'intérêt, à moins que l'auto-inductance, la capacité et la résistance ne soient tellement liées que des oscillations sont créées à chaque interruption.

Je vais à présent m'efforcer de vous montrer quelques-uns de ces phénomènes de décharge les plus dignes d'intérêt.

J'ai tendu à travers la pièce deux fils électriques ordinaires recouverts de coton, chacun d'environ 7 mètres de longueur. Ils sont soutenus par des cordes isolantes à une distance d'environ 30 centimètres. J'attache à présent à chaque terminal de la bobine l'un des fils et j'enclenche la bobine. En éteignant les lumières de la pièce, vous voyez les fils être fortement illuminés par les rayons provenant abondamment de toute leur surface malgré la couverture de coton, qui peut même être très épaisse. Lorsque cette expérience est pratiquée dans de bonnes conditions, la lumière venant des fils est assez intense pour permettre de distinguer les objets dans la pièce. Pour produire le meilleur résultat possible, il est évidemment nécessaire d'ajuster précautionneusement la capacité des bouteilles, l'arc entre les boutons et la longueur des fils. D'après mon expérience, le calcul de la longueur des fils ne mène, dans ce cas, à aucun résultat. L'expérimentateur fera mieux de choisir au départ de très longs fils, puis de les ajuster en coupant d'abord de longs bouts, puis des bouts de plus en plus petits à mesure qu'il approchera de la bonne longueur.

Une manière pratique de procéder est d'utiliser un condensateur à huile à très petite capacité, composé de deux petites plaques de métal ajustables, en lien avec ceci et d'autres expériences similaires. Dans ce cas, je prends des fils plutôt petits et place au début les plaques du condensateur à la distance maximum. Si les rayons des fils augmentent en rapprochant les plaques, la longueur des fils est à peu près correcte ; s'ils diminuent, les fils sont trop longs pour cette fréquence et ce potentiel. Lorsqu'un condensateur est utilisé en lien avec des expériences avec une telle bobine, il faut absolument que ce soit un condensateur à huile, puisqu'utiliser un condensateur à air pourrait gâcher une énergie considérable. Les fils menant aux plaques dans l'huile doivent être très fins, fortement couverts par un composé isolant, et pourvus d'une couverture conductrice, celle-ci s'étendant de préférence sous la surface de l'huile. La couverture conductrice ne doit pas être trop proche des terminaux, ou extrémités, du fil, car une étincelle pourrait alors sauter du fil à celle-ci. La couverture conductrice est utilisée pour diminuer les pertes d'air, en vertu de son action en tant qu'écran électrostatique. Quant à la taille du récipient contenant l'huile, et la taille des plaques, l'expérimentateur en obtient immédiatement une idée grâce à un essai préliminaire. La taille des plaques *dans l'huile* est, cependant, calculable, étant donné que les pertes diélectriques sont très faibles.

Dans l'expérience précédente, il est d'un intérêt considérable de savoir en quoi la quantité de lumière émise est reliée à la fréquence et au potentiel des impulsions électriques. Selon moi, le bruit ainsi que les effets de lumière produits doivent être proportionnels, dans des conditions de test différentes, mais équivalentes, au produit de la fréquence et du carré du potentiel, mais la vérification expérimentale de cette loi, quelle qu'elle soit, serait extrêmement difficile. Une chose est certaine, en tout cas, et c'est que, en augmentant le potentiel et la fréquence, nous intensifions rapidement les rayons ; et, même si cela est très optimiste, ce n'est certainement pas complètement sans espoir de s'attendre à ce que nous puissions réussir à produire un illuminant pratique en ce sens. Nous utiliserions alors simplement des brûleurs ou des flammes, dans lesquels il n'y aurait pas de processus chimique, pas de consommation de matière, mais simplement un transfert d'énergie, et qui émettrait, très probablement plus de lumière et moins de chaleur que des flammes ordinaires.

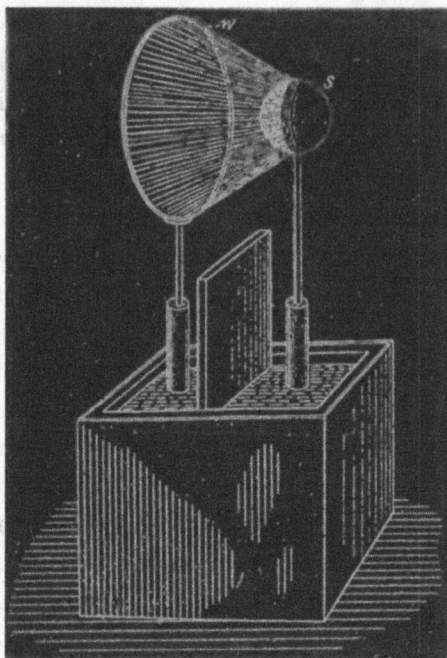

Fig. 8 – Effet produit en concentrant des rayons.

L'intensité lumineuse des rayons est, bien sûr, considérablement augmentée lorsqu'ils sont concentrés sur une petite surface. Cela peut être démontré par l'expérience suivante :

J'attache à l'un des terminaux de la bobine un fil électrique *w* (Fig. 8), courbé pour former un cercle d'environ 30 centimètres de diamètre, et sur l'autre terminal j'attache une petite sphère en cuivre *s*, la surface du fil étant de préférence égale à la surface de la sphère, et le centre de cette dernière étant placé sur une ligne à angle droit par rapport au plan du cercle de fil électrique et passant en son centre. Lorsque la décharge est établie dans de bonnes conditions, un cône vide lumineux se forme et dans le noir une moitié de la sphère en cuivre est intensément illuminée, comme on peut le voir dans la découpe.

En utilisant quelque artifice, il est facile de concentrer les rayons sur de petites surfaces et de produire des effets de lumière très puissants. Les deux fils fins peuvent ainsi être intensément illuminés.

Afin d'intensifier les rayons, les fils doivent être très fins et courts ; mais puisque dans ce cas leur capacité est généralement trop petite pour la bobine (du moins, pour une bobine telle que la présente) il est nécessaire d'augmenter la capacité à la valeur requise, tout en conservant des fils avec une très petite surface. Cela peut être réalisé de nombreuses façons.

Ici, par exemple, j'ai deux plaques, *R R*, de caoutchouc durci (Fig. 9) sur lesquelles j'ai collé deux fils très fins *w w*, afin de former un nom. Les fils peuvent être dénudés ou couverts par le meilleur isolant, cela n'a pas d'incidence sur la réussite de l'expérience. Des fils bien isolés, plutôt, sont préférables. Au dos de chaque plaque se trouve une pellicule de papier aluminium *t t,* indiquée par la portion ombrée sur le schéma. Les plaques sont placées en ligne à une distance suffisante pour empêcher qu'une étincelle passe d'un fil à l'autre. J'ai joint les deux pellicules d'aluminium par un conducteur *C*, et je connecte à présent les deux fils aux terminaux de la bobine. Il est désormais facile, en variant la puissance et la fréquence des courants à travers le primaire, de trouver le point où la capacité du système est la plus adaptée aux conditions, et les fils deviennent si intensément lumineux que, lorsque la lumière de la pièce est éteinte, le nom formé par ceux-ci apparaît en lettres brillantes.

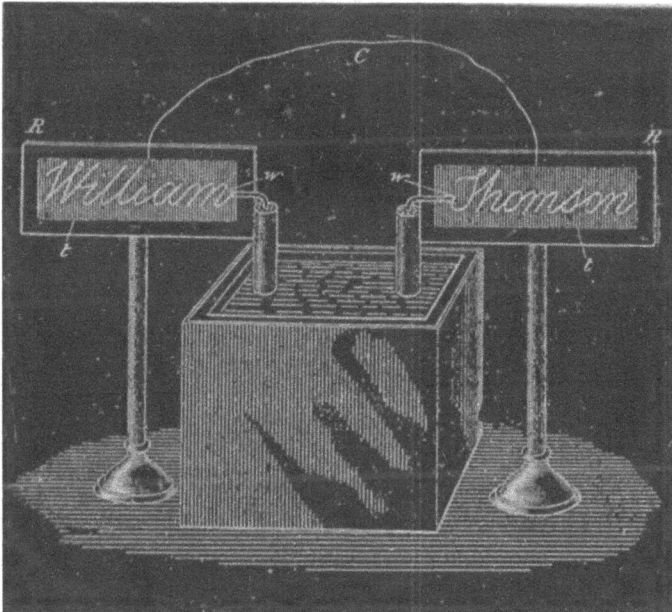

Fig. 9 – Fils rendus intensément lumineux.

Il est peut-être préférable de pratiquer cette expérience avec une bobine opérée à l'aide d'un alternateur à haute fréquence, car dans ce cas, à cause de l'augmentation et de la baisse harmonique, les rayons sont très uniformes, bien qu'ils soient moins abondants que lorsqu'ils sont produits par une bobine comme celle-ci. Cette expérience, cependant, peut être pratiquée avec de basses fréquences, mais d'une manière bien moins satisfaisante.

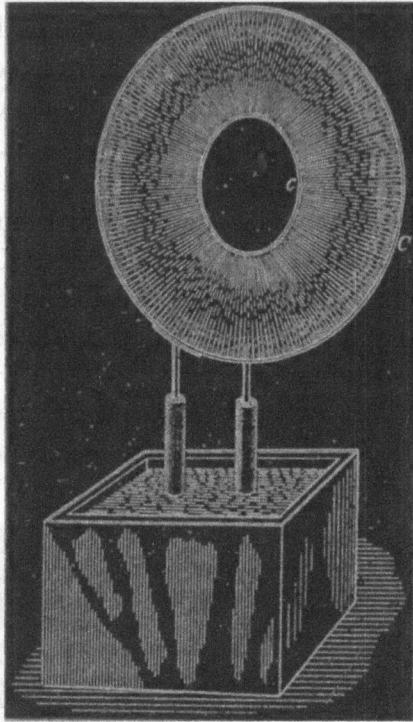

Fig. 10 – Disques lumineux.

Lorsque deux fils, attachés aux terminaux de la bobine, sont placés à la bonne distance, les rayons entre eux peuvent être assez intenses pour produire une feuille lumineuse continue. Afin de montrer ce phénomène, j'ai ici deux cercles, *C* et *c* (Fig. 10), faits de fils électriques assez robustes, l'un étant d'environ 80 centimètres et l'autre de 30 centimètres de diamètre. J'attache un cercle à chaque terminal de la bobine. Les fils de soutien sont si courbés que les cercles peuvent être placés sur le même plan, coïncidant aussi près que possible. Quand la lumière de la pièce est éteinte et la bobine enclenchée, vous pouvez voir l'espace entier entre les fils être uniformément rempli de rayons, formant un disque lumineux, qui pourrait être vu depuis une distance considérable, telle est l'intensité des rayons. Le cercle extérieur aurait pu être bien plus large que le cercle présent ; en fait, avec cette bobine j'ai utilisé des cercles bien plus larges, et j'ai pu produire une feuille intensément lumineuse, couvrant une zone de plus d'un mètre carré, ce qui est un effet remarquable avec cette très petite bobine. Pour éviter toute incertitude, j'ai pris un cercle plus petit, et la zone fait maintenant environ 0,43 mètre carré.

La fréquence de la vibration, et la rapidité de succession des étincelles entre les boutons affectent nettement l'apparence des rayons. Lorsque la fréquence est très basse, l'air laisse passer plus ou moins de la même façon, comme avec une différence constante de potentiel, et les rayons consistent en des fils distincts, généralement mélangés aux étincelles, qui correspondent probablement aux décharges successives se produisant entre les boutons. Mais lorsque la fréquence est extrêmement haute, et que l'arc de la décharge produit un son très *fort* mais *doux* (montrant à la fois que l'oscillation se produit et que les étincelles se succèdent avec une grande rapidité), alors les rayons lumineux formés sont parfaitement uniformes. Pour obtenir ce résultat, de très petites bobines et des bouteilles à petite capacité doivent être utilisées. Je prends deux tubes faits d'un épais cristal de Bohême, d'environ 5 centimètres de diamètre et 20 centimètres de long. Dans chaque tube je glisse un primaire fait d'un fil électrique en cuivre très épais. Au-dessus de chaque tube, j'enroule un secondaire fait de fils bien plus fins couverts de gutta-percha. Je connecte les deux secondaires en série, et les primaires de préférence en arc multiple. Les tubes sont alors placés dans un large récipient en verre, à une distance de 10 ou 15 centimètres l'un de l'autre, sur des supports isolants, et le récipient est rempli d'huile bouillie, l'huile arrivant environ 2,5 centimètres au-dessus des tubes. Les extrémités libres du secondaire sont soulevées hors de l'huile et placées parallèlement l'une à l'autre à une distance d'environ 10 centimètres. Les extrémités éraflées doivent être plongées dans l'huile. Deux bouteilles de quatre demi-litres liées en série peuvent être utilisées pour décharger à travers le primaire. Quand les ajustements nécessaires au niveau de la longueur et la distance des fils au-dessus de l'huile et dans l'arc de décharge sont faits, une feuille lumineuse parfaitement lisse et sans texture est produite entre les fils, comme la décharge ordinaire au travers d'un tube dont l'air a été modérément extrait.

J'ai intentionnellement détaillé cette expérience apparemment insignifiante. Lors d'essais de ce type, l'expérimentateur arrive à la surprenante conclusion que, pour faire passer des décharges lumineuses ordinaires à travers des gaz, aucun degré particulier d'extraction de l'air n'est nécessaire, mais le gaz peut être à un niveau de pression ordinaire ou encore plus grand. Pour accomplir cela, il est essentiel d'avoir une haute fréquence ; un haut potentiel est également requis, mais c'est une nécessité simplement fortuite. Ces expériences nous apprennent qu'en nous efforçant de découvrir de nouvelles méthodes de production de lumière grâce à l'agitation des atomes, ou des molécules, d'un gaz, nous ne devons pas limiter notre recherche au tube vide, mais nous pouvons nous attendre très sérieusement à la possibilité d'obtenir les effets de lumière sans utiliser aucun récipient, avec de l'air à une pression ordinaire.

Nous avons probablement souvent l'occasion de voir de telles décharges à très haute fréquence, qui rendent l'air lumineux à une pression ordinaire, dans la nature. Je suis certain que si, comme beaucoup le pensent, l'aurore boréale est produite par de soudaines perturbations cosmiques, telles que des éruptions sur la surface du soleil, qui créent une vibration extrêmement rapide dans la charge électrostatique de la terre, la lueur rouge observée n'est pas confinée à la strate supérieure raréfiée de l'air, mais la décharge traverse aussi, à cause de sa très haute fréquence, la dense atmosphère sous la forme d'une *lueur*, comme celle que nous produisons habituellement dans un tube dont l'air a été légèrement extrait. Si la fréquence était très basse, ou encore, si la charge ne vibrait pas du tout, l'air dense éclaterait comme lors d'une décharge de foudre. Des indications d'un tel éclatement de la strate inférieure dense de l'air ont été observées à maintes reprises lors de l'apparition de ce merveilleux phénomène ; mais s'il apparaît bel et bien, cela ne peut être attribué qu'aux perturbations fondamentales, qui sont peu nombreuses, car la vibration qu'ils produisent serait bien trop rapide pour permettre un éclatement disruptif. Ce sont les impulsions originelles et irrégulières qui affectent les instruments ; les vibrations superposées passent probablement inaperçues.

Lorsqu'une décharge ordinaire à basse fréquence traverse de l'air modérément raréfié, l'air prend une teinte violacée. Si par un quelconque moyen nous augmentons l'intensité de la vibration moléculaire, ou atomique, le gaz devient d'une couleur blanche. Un changement similaire se produit à des pressions ordinaires avec des impulsions électriques à très haute fréquence. Si les molécules de l'air autour du fil électrique sont modérément agitées, la brosse formée est rougeâtre ou violette ; si la vibration est rendue suffisamment intense, les rayons deviennent blancs. Nous pouvons accomplir cela de plusieurs façons. Pour l'expérience montrée précédemment avec les deux fils à travers la pièce, je me suis efforcé d'assurer le résultat en poussant à la fois la fréquence et le potentiel à une valeur haute ; pour l'expérience avec les fils fins collés à la plaque de caoutchouc, j'ai concentré l'action sur une très petite surface, autrement dit, j'ai travaillé avec une forte densité électrique.

Une forme de décharge des plus curieuses peut être observée avec une telle bobine lorsque la fréquence et le potentiel sont poussés à leur extrême limite. Pour pratiquer cette expérience, chaque partie de la bobine doit être fortement isolée, et seuls deux petites sphères, ou, encore mieux, deux disques en métal à arêtes vives (*d d*, Fig. 11) ne faisant pas plus de quelques centimètres de diamètre doivent être exposés à l'air. La bobine ici utilisée est immergée dans l'huile, et les extrémités du secondaire sortant de l'huile sont couvertes par une couverture hermétique en caoutchouc durci d'une grande épaisseur. Toutes les craquelures, s'il y en a, doivent être précautionneusement rebouchées, afin que la décharge en brosse ne puisse pas ne former ailleurs que sur les petites sphères ou plaques qui sont exposées à l'air. Dans ce cas, puisqu'il n'y a pas de larges plaques ou d'autres éléments de capacité attachés aux terminaux, la bobine est capable de vibrer extrêmement rapidement. Le potentiel peut être élevé en augmentant, autant que l'expérimentateur le juge approprié, le taux de changement du courant primaire. Avec une bobine qui ne diffère pas grandement de la présente, il vaut mieux connecter les deux primaires en arc multiple ; mais si le secondaire doit avoir un nombre bien plus grand de tours, les primaires doivent être utilisés de préférence en série, car sinon la vibration pourrait être trop rapide pour le secondaire. C'est dans ces conditions que les rayons blancs brumeux apparaissent et sortent des arêtes des disques pour se disperser dans l'espace de manière fantomatique.

Fig. 11 – Rayons fantômes.

Avec cette bobine, lorsqu'ils sont plutôt bien produits, ils sont longs d'environ 25 à 30 centimètres. Quand on approche la main d'eux, aucune sensation n'est produite, et une étincelle, causant un choc, ne saute du terminal à la main que lorsque celle-ci est approchée bien plus près. Si l'oscillation du courant primaire est rendue intermittente par quelque moyen, il se produit une palpitation correspondante sur les rayons, et la main ou un autre objet conducteur peut désormais être approché encore plus près du terminal sans qu'une étincelle saute.

Parmi les nombreux magnifiques phénomènes qui peuvent être produits avec une telle bobine, j'ai sélectionné ici seulement ceux qui semblent posséder quelques éléments nouveaux, et nous mener vers quelques conclusions intéressantes. Beaucoup d'autres phénomènes encore plus plaisants à observer que ceux montrés ici ne sont pas du tout difficiles à produire en laboratoire, au moyen de celui-ci, mais ils ne présentent aucun élément nouveau particulier.

Les premiers expérimentateurs décrivent le déploiement des étincelles produites par une bobine d'induction large et ordinaire sur une plaque isolante séparant les terminaux. Récemment, Siemens a pratiqué des expériences au cours desquelles de beaux effets ont été obtenus, et qui ont été observés par beaucoup avec de l'intérêt. Il n'y a pas de doute sur le fait que de larges bobines, même si elles sont opérées avec des courants à basse fréquence, sont capables de produire de beaux effets. Mais la plus large bobine jamais créée ne pourrait égaler, de loin, le magnifique déploiement de rayons et d'étincelles obtenus par une telle bobine à décharge disruptive lorsqu'elle est correctement ajustée. Pour vous donner une idée, une bobine comme celle-ci couvrira avec les rayons complètement et aisément une plaque d'un mètre de diamètre. La meilleure façon de pratiquer de telles expériences est de prendre une plaque de caoutchouc très fin ou de verre et de coller sur un de ses côtés un cercle étroit en aluminium d'un très grand diamètre, et sur l'autre une rondelle circulaire, le centre de cette dernière coïncidant avec celui du cercle, et les surfaces des deux étant de préférence équivalentes, afin de garder la bobine bien équilibrée. La rondelle et le cercle doivent être connectés aux terminaux par des fils électriques fins et fortement isolés. Il est facile en observant l'effet de la capacité de produire une feuille de rayons uniformes, ou un beau réseau de fils argentés, ou une masse d'étincelles brillantes et bruyantes, qui couvrent complètement la plaque.

Depuis que j'ai avancé l'idée de la conversion grâce à la décharge disruptive, dans mon article présenté devant l'American Institute of Electrical Engineers au début de l'année dernière, l'intérêt qu'elle a suscité a été considérable. Cela nous donne un moyen de produire n'importe quels potentiels à l'aide de bobines peu coûteuses opérées depuis des systèmes de distribution ordinaires, et (ce qui est peut-être le plus apprécié) cela nous permet de convertir les courants de n'importe quelle fréquence en courants de n'importe quelle autre fréquence plus basse ou plus haute. Mais sa valeur principale se trouvera peut-être dans l'aide qu'elle nous apportera dans les recherches sur le phénomène de la phosphorescence, qu'une bobine à décharge disruptive est capable de produire dans d'innombrables cas, alors que des bobines ordinaires, même les plus larges, y échoueraient complètement.

Compte tenu de ses probables utilisations pour de nombreux objectifs pratiques, et de sa possible introduction dans des laboratoires pour la recherche scientifique, vous ne trouverez peut-être pas que quelques remarques supplémentaires quant à la construction d'une telle bobine sont superflues.

Il est, bien sûr, absolument nécessaire d'employer avec une bobine comme celle-ci des fils électriques pourvus de la meilleure isolation.

De bonnes bobines peuvent être produites en utilisant des fils couverts de plusieurs couches de coton, en faisant bouillir la bobine longtemps dans de la cire pure, et en la refroidissant sous une pression modérée. L'avantage d'une telle bobine est qu'elle peut être facilement manipulée, mais elle ne peut probablement pas donner des résultats aussi satisfaisants qu'une bobine immergée dans de l'huile pure. De plus, il semble que la présence d'un grand montant de cire affecte la bobine de manière désavantageuse, alors que cela ne semble pas être le cas avec de l'huile. C'est peut-être, car les pertes diélectriques sont plus faibles dans le liquide.

J'ai d'abord essayé les fils couverts de soie et de coton avec une immersion dans l'huile, mais j'ai été progressivement poussé à utiliser des fils couverts de gutta-percha, qui se sont avérés être les plus satisfaisants. L'isolation au gutta-percha ajoute, évidemment, à la capacité de la bobine, et cela devient, en particulier si la bobine est large, un grand désavantage lorsque nous désirons des fréquences extrêmes; mais, d'un autre côté, la gutta-percha résistera bien plus qu'une épaisseur d'huile équivalente, et cet avantage doit être assuré à tout prix. Une fois la bobine immergée, elle ne doit pas être sortie de l'huile plus de quelques heures, sans quoi la gutta-percha se craquellera et la bobine ne vaudra pas la moitié de ce qu'elle valait auparavant. La gutta-percha est probablement lentement attaquée par l'huile, mais après une immersion de huit ou neuf mois je n'ai pas rencontré d'effets nocifs.

J'ai obtenu dans le commerce deux types de fils couverts de gutta-percha: dans l'un l'isolation est fermement collée au métal, dans l'autre elle ne l'est pas. À moins qu'une méthode spéciale ne soit utilisée pour évacuer tout l'air, il est bien plus sûr d'utiliser le premier type de fil. J'enroule la bobine dans un réservoir d'huile afin que tous les interstices soient remplis par l'huile. Entre les couches j'utilise du tissu complètement bouilli dans de l'huile, en calculant l'épaisseur en fonction de la différence de potentiel entre les tours. Il ne semble pas y avoir de grande différence, quel que soit le type d'huile utilisé; j'utilise de la paraffine liquide ou de l'huile de lin.

Voici une excellente méthode, facile à réaliser, pour évacuer l'air plus efficacement à l'aide de petites bobines : construire une boîte avec du bois dur de planches très épaisses longtemps bouillies dans l'huile. Ces pièces doivent être assemblées de manière à résister en toute sécurité à la pression atmosphérique extérieure. La bobine doit être parfaitement placée et fixée à l'intérieur de la boîte, celle-ci étant refermée par une solide grille et recouverte de plaques de métal dont les joints sont soudés avec soin. Sur le dessus de la boîte, deux petits trous doivent être percés, passant au travers du métal et du bois, dans ces trous sont introduits deux petits tubes en verre et les joints sont rendus hermétiques. Le premier tube est relié à une pompe à vide, tandis que le second est relié à un récipient qui contient une quantité suffisante d'huile bouillante. Le second tube a un très petit trou à sa base et dispose d'un robinet d'arrêt. Lorsqu'une quantité suffisante d'air a quitté le tube, le robinet s'ouvre pour permettre à l'huile de lentement se déverser dans le tube. De cette façon, il est impossible que d'énormes bulles, qui constituent le principal danger, se bloquent entre deux tours. Ce système de pompe semble expulser la quasi-totalité de l'air avec davantage de succès qu'un système d'évaporation, cependant, ce n'est pas réalisable lorsque des fils recouverts de gutta-percha sont utilisés.

Pour les bobines primaires, j'utilise du fil de ligne standard avec un revêtement épais en coton. L'utilisation de torons de fils isolés très fins, correctement entrelacés serait bien évidemment préférable, mais nous ne pouvons pas en avoir.

Pour une bobine expérimentale, la taille des câbles importe peu. Pour cette bobine, nous utiliserons des câbles d'une valeur de 12 pour les primaires et de 24 pour les secondaires, selon l'échelle de l'American Wire Gauge (Brown & Sharpe Wire Gauge), mais la section du câble peut varier considérablement. Cela n'impliquerait que des ajustements différents ; les résultats visés ne seraient pas affectés de manière significative.

Je me suis longuement attardé sur les différentes formes de l'effet Corona (décharge de la brosse), car, en les étudiant, nous n'observons pas seulement des phénomènes qui nous plaisent visuellement, mais qui nous donnent aussi matière à réflexion et nous amènent à des conclusions d'importance pratique. En utilisant des courants alternatifs à très haute tension, il n'y a jamais trop de précautions à prendre pour empêcher la décharge de la brosse. Dans un réseau transportant de tels courants, dans une bobine de Ruhmkorff ou un transformateur, ou dans un condensateur, l'effet Corona représente un grand danger pour l'isolation. Dans un condensateur, notamment la matière gazeuse doit être expulsée avec le plus grand soin. En effet, ses surfaces chargées électriquement sont proches les unes des autres et si le potentiel est haut, tout comme un poids tombera si on le lâche, il est certain que l'isolation cédera si une seule bulle gazeuse, quelle que soit sa taille, parvient à se former. En revanche, en retirant soigneusement toute la matière gazeuse, le condensateur pourra résister en toute sécurité à une différence de potentiel beaucoup plus élevée. Un réseau transportant des courants alternatifs à très hautes tensions peut être endommagé simplement par une soufflure ou une petite fissure dans l'isolation, d'autant plus qu'une soufflure est susceptible de contenir du gaz à basse pression ; et comme il paraît presque impossible d'éviter complètement ces petites imperfections, je suis amené à croire qu'à l'avenir, pour la distribution de l'énergie électrique par des courants à très haute tension, des isolants liquides seront utilisés. Son coût est un grand inconvénient, mais si nous utilisons une huile comme isolant, la distribution de l'énergie électrique avec 100 000 volts ou plus devient tellement facile, au moins avec des fréquences supérieures, qu'on ne peut réellement parler de chef-d'œuvre de l'ingénierie.

Avec l'isolation à l'huile et les moteurs à courant alternatif, les transmissions de puissance peuvent être effectuées en toute sécurité et sur une base industrielle à des distances pouvant aller jusqu'à près de mille six cents kilomètres. Une propriété particulière de l'huile et de l'isolation liquide en général, lorsqu'elles sont soumises à des contraintes électriques qui varient rapidement, est qu'elle disperse toute bulle gazeuse pouvant être présente, et de les diffuser à travers sa masse, en général bien avant qu'une fissure préjudiciable ne puisse survenir. Cette caractéristique peut facilement être observée au moyen d'une bobine d'induction standard à laquelle on ôte son circuit primaire et en bouchant l'extrémité du tube sur lequel le circuit secondaire est enroulé. Le tube est ensuite rempli d'un isolant assez transparent, tel que de l'huile de paraffine. Un circuit primaire d'un diamètre d'environ six millimètres inférieur à l'intérieur du tube peut être incorporé dans l'huile. Lorsque la bobine se met en marche, on peut observer, en regardant d'en haut à travers l'huile, de nombreux points lumineux. Il s'agit de bulles d'air qui sont attrapées par l'insertion du circuit primaire et qui se sont illuminées sous l'effet d'un intense bombardement. L'air occlus, au contact de l'huile, la réchauffe. L'huile commence alors à se répandre, emportant avec elle une partie de l'air, jusqu'à ce que les bulles se dispersent et que les points lumineux disparaissent. De cette façon, à moins que de grosses bulles se forment au point d'obstruer la circulation, la fissure est évitée et le seul effet est un réchauffement tempéré de l'huile. Si à la place d'un isolant liquide, un isolant solide avait été utilisé, quelle que soit son épaisseur, l'appareil aurait inévitablement été fissuré et endommagé.

L'expulsion des matières gazeuses de tout appareil dans lequel le diélectrique est soumis à des forces électriques variant plus ou moins rapidement est toutefois souhaitable non seulement pour éviter un éventuel endommagement de l'appareil, mais aussi pour des raisons d'économie. Dans un condensateur, par exemple, il faut utiliser soit un diélectrique liquide, soit un diélectrique solide pour que la perte soit insignifiante. Cependant, si un gaz sous moyenne ou faible pression est présent, la perte peut être bien plus importante. Quelle que soit la nature de la force exercée dans le diélectrique, il semble que, dans un environnement liquide comme solide, le déplacement des molécules résultant de la force est faible ; par conséquent, le produit de la force et du déplacement devient insignifiant, à moins que la force ne soit très importante. Mais dans un gaz, le déplacement et donc, ce produit, est considérable, les molécules se déplacent librement à grande vitesse et leur impact produisent une énergie qui se perd entre autres dans la chaleur. Dans le cas où le gaz est fortement compressé, le déplacement résultant de la force est réduit et les pertes sont moindres.

Dans la plupart de mes expériences menées avec succès, j'ai préféré utiliser l'alternateur précédemment mentionné, notamment en raison de son action régulière et positive. Cet appareil est l'une de mes nombreuses inventions que j'ai construites pour les besoins de ces expériences. Il possède 384 pôles et peut générer des courants d'une fréquence d'environ 10 000 volts par seconde. Cette machine a été schématisée et brièvement décrite lors de ma première lecture devant l'Institut américain des ingénieurs électriciens le 20 mai 1891, dont j'ai déjà parlé. Une description suffisamment détaillée pour qu'un ingénieur puisse en construire une similaire sera disponible dans plusieurs revues d'électricité, publiées à cette même période.

Les bobines d'induction alimentées par la machine sont plutôt petites : la bobine secondaire varie entre 5000 et 15 000 tours. Elles sont immergées dans de l'huile de lin bouillie, contenues dans des boîtes en bois recouvertes de zinc laminé.

J'ai trouvé plus avantageux d'inverser la position des câbles et d'enrouler, dans ces bobines, la primaire sur le dessus, afin qu'elle bénéficie d'un plus gros diamètre pour réduire les risques de surchauffage et ainsi obtenir un meilleur rendement de la bobine. Les extrémités de la primaire sont au minimum un centimètre plus court que la secondaire afin d'éviter que les extrémités ne cassent, ce qui arriverait à coup sûr, à moins que l'isolant du dessus de la secondaire ne soit très épais, ce qui serait, bien évidemment, un inconvénient.

Lorsque la bobine primaire est rendue amovible, ce qui est nécessaire pour certaines expériences et souvent pratique en cas de réglages, je recouvre la secondaire avec de la cire et j'effectue une opération de chariotage pour que son diamètre devienne légèrement inférieur au diamètre de l'intérieur de la bobine primaire. Cette dernière est munie d'une poignée sortant de l'huile afin de la positionner librement selon la secondaire.

Je vais maintenant me risquer à faire quelques observations afférentes à l'utilisation générale des bobines d'induction, concernant des points qui ont été très peu considérés lors d'expériences précédentes et qui sont encore aujourd'hui souvent négligés.

La secondaire de la bobine possède habituellement un taux d'auto-induction si élevé que le courant traversant le câble est imperceptible, même lorsque les bornes sont reliées par un conducteur de faible résistance.

Si l'on ajoute de la capacité aux bornes, l'auto-induction est contrée et un courant plus fort peut alors circuler dans la secondaire, bien que ses bornes soient isolées les unes des autres. Pour quelqu'un qui ne connaît rien aux propriétés des courants alternatifs, rien ne paraîtra plus déconcertant. Je rappelle que cette propriété a été illustrée lors de l'expérience effectuée au début, avec les plaques supérieures faites de toile métallique fixées aux bornes et celle en caoutchouc. Lorsque ces plaques métalliques étaient serrées et qu'un petit arc électrique passait entre elles, ce dernier *empêchait* la circulation d'un fort courant à travers le secondaire, car il supprimait la capacité des bornes. Lorsque la plaque en caoutchouc a été insérée entre les plaques métalliques, la capacité du condensateur formée a contré le phénomène d'auto-induction de la secondaire, un courant plus fort circulait à présent, la bobine générait plus d'activité électrique et la décharge d'énergie était beaucoup plus puissante.

La première chose à faire par la suite, pour faire fonctionner la bobine d'induction, est de combiner la capacité avec la bobine secondaire afin d'éviter l'auto-induction. Si les fréquences et les potentiels sont très élevés, la matière gazeuse doit être éloignée des surfaces chargées avec le plus grand soin. Si des bouteilles de Leyde sont utilisées, il faut les plonger dans l'huile, sinon un important claquage peut s'opérer si celles-ci sont soumises à de grandes pressions. Quand des fréquences élevées sont utilisées, il convient de combiner un condensateur avec la bobine primaire avec la même importance. Il est possible d'utiliser un condensateur relié aux extrémités de la primaire ou aux bornes de l'alternateur, mais ce dernier procédé est déconseillé, car cela pourrait endommager la machine. Le meilleur moyen est sans aucun doute d'utiliser un condensateur avec la bobine primaire et l'alternateur à la suite, puis d'ajuster sa capacité de manière à annuler leur auto-induction. Le condensateur doit être réglable petit à petit, mais pour l'ajuster avec plus de précision, il serait idéal d'utiliser un petit condensateur huilé à plaques amovibles.

Maintenant, le moment est venu de vous présenter un phénomène que j'ai pu observer, il y a quelque temps. Pour les chercheurs purement scientifiques, cela peut sembler plus intéressant que tous les résultats que j'ai le privilège de vous présenter ce soir.

Il peut à juste titre être classé parmi les phénomènes liés à l'effet Corona. En fait, la brosse se forme sur une seule borne, ou à proximité de celle-ci, en cas de vide élevé.

Dans les ampoules disposant d'une borne conductrice, bien qu'en aluminium, la brosse n'est qu'éphémère et ne peut malheureusement pas être indéfiniment préservée dans son état le plus sensible, même si l'ampoule est dépourvue de toute électrode conductrice. Pour étudier ce phénomène, je me suis rendu compte qu'il fallait absolument utiliser une ampoule sans fil d'entrée. J'en suis arrivé à la conclusion que les meilleures ampoules à utiliser sont celles que j'ai indiquées dans les figures 12 et 13.

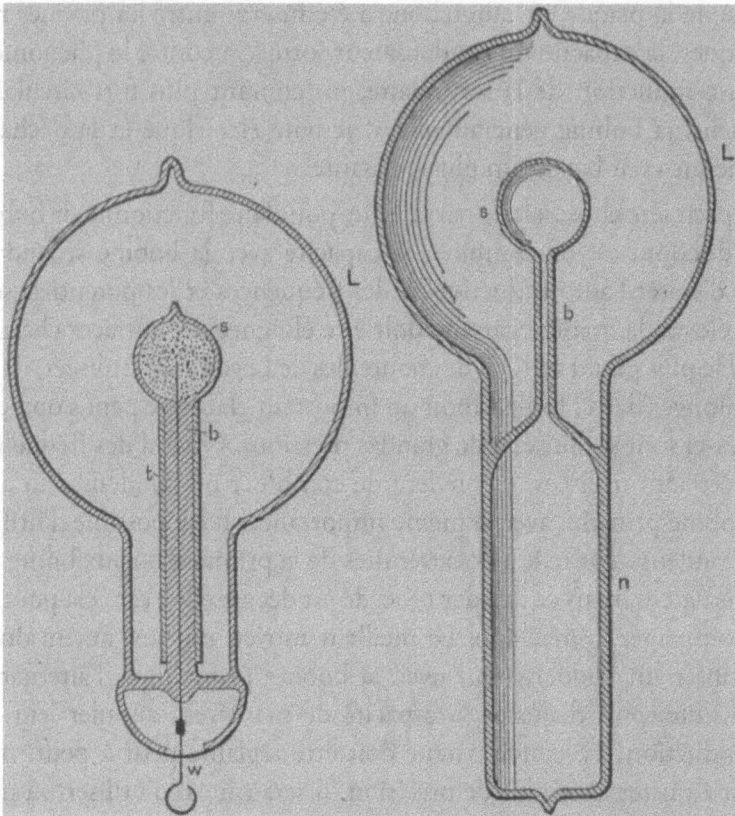

Fig. 12 et 13 – Ampoules pour la réalisation de brosses rotatives.

L'ampoule de la figure 12 est constituée d'un globe de lampe à incandescence L, à sa base est placé un tube barométrique b avec une extrémité à forme sphérique s. Cette sphère doit être maintenue au plus près possible du centre du large globe. Avant de sceller, un tube fin t, avec une tôle d'aluminium, peut être inséré dans le tube barométrique même si son utilisation n'est pas importante.

La petite sphère creuse s est remplie avec un peu de poudre conductrice, un fil w est fixé à la base afin de relier la poudre au générateur.

La construction illustrée dans la figure 13 a été choisie de manière à éliminer tout corps conducteur de la brosse qui pourrait l'affecter. Dans ce cas, l'ampoule est constituée du globe de lampe L avec une base n dotée d'un tube b et d'une petite sphère s scellée au tube, ainsi, deux compartiments entièrement indépendants sont formés, comme indiqué sur le schéma. Lorsque l'ampoule est en fonctionnement, la base *n* est dotée d'un revêtement en aluminium qui est relié au générateur et agit par induction sur le gaz modérément raréfié et hautement conducteur qui est contenu dans la base. À partir de là, le courant se déverse dans la petite sphère *s* à travers le tube *b* et agit par induction sur le gaz contenu dans le globe *L*.

Il est préférable de rendre plus épais le tube *t*, que le trou le traversant soit très petit et que la sphère *s* soit très fine. Il est crucial que la sphère *s* soit placée au centre du globe *L*.

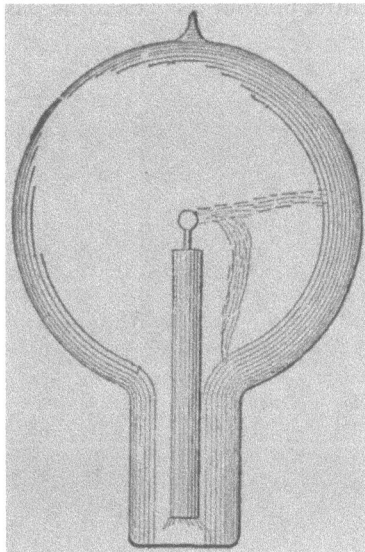

Fig. 14 – Formes et phases de la brosse rotative.

Les figures 14, 15 et 16 indiquent différentes formes, ou états, de la brosse. La figure 14 montre la décharge électrique telle qu'elle apparaît en premier lieu dans une ampoule équipée d'une borne conductrice. Cependant, ce phénomène disparaît rapidement avec ce genre d'ampoule, souvent au bout de quelques minutes. Par conséquent, je vais m'en tenir à la description du phénomène tel que je l'ai observé dans une ampoule sans électrode conductrice. Il est observé dans les conditions suivantes :

Lorsque le globe *L* (figures 12 et 13) est fortement sollicité, l'ampoule n'est généralement pas excitée lors du raccordement du fil *w* (figure 12) ou du revêtement en aluminium de l'ampoule (figure 13) à la borne de la bobine à induction. Pour l'exciter, il suffit généralement de saisir le globe *L* avec la main. Une phosphorescence intense se propage ensuite en premier lieu au-dessus du globe puis laisse bientôt place à une lumière blanche et vaporeuse. Peu de temps après ce phénomène, on peut observer que la luminosité est inégalement répartie dans le globe ; et après avoir laissé passer le courant pendant un certain temps, l'ampoule apparaît comme sur la figure 15. À partir de ce stade, le phénomène va graduellement atteindre l'état indiqué sur la figure 16, au bout de quelques minutes, quelques heures, quelques jours, selon le travail sur l'ampoule. Chauffer l'ampoule ou augmenter son potentiel permet d'accélérer le passage.

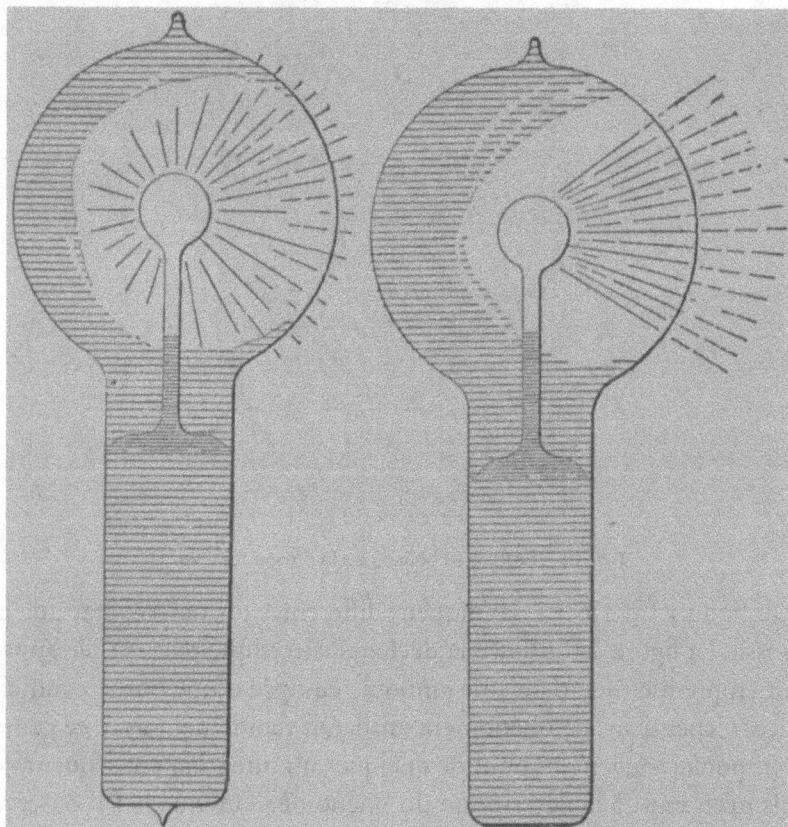

Fig. 15 et 16 – Formes et phases de la brosse rotative.

Quand la brosse adopte la forme illustrée dans la figure 16, elle peut être amenée à un état d'extrême sensibilité aux influences électrostatiques et magnétiques. Étant donné que l'ampoule est directement suspendue à un fil et que tous les autres objets sont à distance, l'observateur moyen, quelle que soit sa position par rapport à l'ampoule, même à quelques pas de celle-ci, va forcer la brosse à se mouvoir dans la direction opposée ; s'il marche autour de la lampe, la brosse se tiendra toujours à son opposé. La brosse peut se mettre à tourner autour de la borne bien avant d'atteindre cet état de sensibilité. Lorsqu'elle commence à tourner principalement, ou même avant, elle est affectée par un aimant et arrivée à un certain stade, elle peut devenir étonnamment sensible à l'influence magnétique. Un petit aimant permanent, dont la distance entre ses pôles ne dépasse pas deux centimètres, aura un effet visible sur la brosse dans un rayon de deux mètres, ralentissant ou accélérant la rotation en fonction de la position de l'aimant par rapport à la brosse. Je pense avoir constaté qu'au stade où la brosse est la plus sensible à l'influence magnétique, elle ne l'est en revanche pas à l'électrostatique. Pour expliquer ce phénomène, je dirais que l'attraction électrostatique entre la brosse et le verre de l'ampoule, qui retarde la phase de rotation, est beaucoup plus rapide que l'influence magnétique lorsque l'intensité du flux est augmentée.

Lorsque l'ampoule est suspendue avec son globe L vers le bas, la rotation s'effectue toujours dans le sens des aiguilles d'une montre. Dans l'hémisphère sud, cette rotation s'effectuerait dans le sens inverse, mais à l'équateur, la brosse ne devrait pas tourner du tout. La rotation peut être inversée par un aimant tenu à une certaine distance. Il semble que la rotation de la brosse s'effectue le mieux lorsqu'elle est perpendiculaire aux lignes de force de la terre. Lorsqu'elle est à sa vitesse maximale, elle tourne très probablement en synchronisme avec les alternances, disons 10 000 fois par seconde. La rotation peut être ralentie ou accélérée si l'observateur, ou tout autre corps conducteur s'en approche ou s'en éloigne ; mais elle ne peut être inversée en mettant l'ampoule dans n'importe quelle position. Lorsque la sensibilité est la plus élevée et que le potentiel ou la fréquence varie, cette sensibilité diminue rapidement. Le fait de modifier l'un ou l'autre, de façon limitée, arrêtera généralement la rotation. La sensibilité est également affectée par les variations de température. Afin d'atteindre un degré élevé de sensibilité, il est nécessaire que la petite sphère s soit au centre du globe L, car sinon, l'action électrostatique du verre du globe aura tendance à arrêter la rotation. La sphère s doit être petite et d'épaisseur uniforme, car toute dissymétrie a évidemment pour effet de diminuer la sensibilité.

Le fait que la brosse tourne dans un sens précis dans un champ magnétique permanent semble montrer que dans les courants alternatifs à très haute fréquence, les impulsions positives et négatives ne sont pas égales, mais que l'une prévaut toujours sur l'autre.

Bien entendu, cette rotation dans un certain sens peut être due à l'action de deux éléments d'un même courant l'un sur l'autre, ou à l'action du champ produit par l'un des éléments sur l'autre, ce qui est le cas dans un moteur série, sans qu'une impulsion soit nécessairement plus forte que l'autre. Selon mes observations, le fait que la brosse tourne dans n'importe quelle position confirmerait ce dernier point.

Elle tournerait alors en tout point de la surface terrestre. Il est toutefois difficile d'expliquer pourquoi un aimant permanent devrait inverser la rotation, ainsi, il faut considérer la prépondérance d'une de ces impulsions.

Quant aux causes de la formation de la brosse ou du flux, je pense que c'est dû à l'action électrostatique du globe et de la dissymétrie des éléments. Si la petite ampoule *s* et le globe *L* étaient des sphères parfaitement concentriques et le verre de même épaisseur et qualité, alors je pense que la brosse ne se formerait pas, car la capacité de transmission serait égale de tous les côtés. Il est évident que la formation du flux résulte d'une irrégularité, car celui-ci a tendance à rester dans une position et que la rotation ne se produit le plus souvent que lorsque l'influence électrostatique ou magnétique le fait sortir de cette position. Lorsqu'il se trouve dans un état extrêmement sensible, qu'il reste dans une position, cela peut permettre la réalisation d'expériences des plus intéressantes. Par exemple, en choisissant une position précise, l'expérimentateur peut approcher sa main de l'ampoule à une distance considérable et il peut même amener la brosse à se déplacer simplement en raidissant les muscles de son bras. Lorsqu'elle commence à tourner lentement et que l'expérimentateur tient ses mains à une distance appropriée, il devient impossible de faire le moindre geste sans produire un effet visible sur la brosse. Une plaque métallique reliée à l'autre borne de la bobine l'affecte à une grande distance, ralentissant la rotation, souvent à un tour par seconde.

Je suis fermement convaincu que lorsque nous apprendrons à produire une telle brosse correctement, elle s'avérera une aide précieuse dans l'étude de la nature des forces agissant dans un champ électrostatique ou magnétique.

Si un mouvement mesurable se produit dans l'espace, une telle brosse devrait le révéler. Il s'agit, pour ainsi dire, d'un faisceau de lumière, sans frottement, sans inertie.

Je pense qu'en télégraphie, il peut y avoir des applications pratiques. Avec une brosse comme celle-ci, il serait possible d'envoyer des dépêches à travers l'Atlantique, par exemple, à n'importe quelle vitesse, car sa sensibilité peut être si élevée que le moindre changement peut l'affecter. S'il était possible de rendre le flux plus intense et très restreint, ses déflexions pourraient facilement être photographiées.

J'ai cherché à savoir si le flux lui-même est en rotation ou s'il y a tout simplement une contrainte qui se déplace dans l'ampoule. Pour ce faire, j'ai monté un léger ventilateur de mica pour qu'ainsi ses ailettes se trouvent dans la trajectoire de la brosse. Si le flux était lui-même en rotation, le ventilateur aurait tourné. Je n'ai pu produire aucune rotation particulière du ventilateur, bien que j'aie tenté l'expérience à plusieurs reprises ; mais le ventilateur exerçait une influence notable sur le flux et la rotation visible de ce dernier n'était pas satisfaisante dans ce cas-là, l'expérience n'a donc pas semblé concluante.

Je n'ai pas été en mesure de produire le phénomène avec la bobine à décharge disruptive, bien qu'elle puisse produire tous les autres phénomènes, en fait, bien mieux qu'avec des bobines actionnées par un alternateur.

Il peut être possible de produire la brosse par des impulsions provenant d'une direction, ou même par potentiel continu, auquel cas elle serait encore plus sensible à l'influence magnétique.

En faisant fonctionner une bobine d'induction avec des courants alternatifs rapides, nous réalisons avec étonnement, pour la première fois, la grande importance de la relation entre la capacité, l'auto-induction et la fréquence en ce qui concerne le résultat général.

Les effets de la capacité sont les plus remarquables, car dans ces expériences, l'auto-induction et la fréquence étant toutes les deux élevées, la capacité critique est très faible et ne doit varier que légèrement afin de produire un changement vraiment considérable. L'expérimentateur peut mettre son corps en contact avec les bornes du secondaire de la bobine, ou fixer à l'une ou aux deux bornes des corps isolants de très petite taille, comme des ampoules, et il peut produire une augmentation ou une diminution considérable du potentiel et grandement affecter le flux de courant dans le primaire. Dans l'expérience présentée ci-dessus, dans laquelle une brosse apparaît sur un fil relié à une borne, et le fil est mis en mouvement lorsque l'expérimentateur met son corps isolant en contact avec l'autre borne de la bobine, l'augmentation soudaine du potentiel a été mise en évidence.

Je peux vous montrer le fonctionnement de la bobine d'une autre manière qui présente un aspect digne d'intérêt. J'ai ici un petit ventilateur léger en tôle d'aluminium, fixé à une aiguille et disposé pour tourner librement dans une pièce métallique vissée à l'une des bornes de la bobine. Lorsque la bobine est mise en marche, les molécules de l'air sont attirées et repoussées en cadence. Comme la force avec laquelle elles sont repoussées est plus importante que celle avec laquelle elles sont attirées, il en résulte une répulsion qui s'exerce sur les surfaces du ventilateur. Si ce dernier était simplement fait d'une tôle métallique, la répulsion serait égale sur les côtés opposés et ne produirait aucun effet. Cependant, si l'une des surfaces opposées est blindée, ou si, d'une manière générale, le bombardement de ce côté est affaibli d'une manière ou d'une autre, il subsiste la répulsion exercée sur l'autre et le ventilateur est mis en rotation.

Le blindage se réalise au mieux par la fixation sur l'un des côtés opposés des revêtements conducteurs isolés du ventilateur, ou, si celui-ci a la forme d'un agitateur à hélice ordinaire, par la fixation sur un côté et à proximité de celui-ci, d'une plaque métallique isolée. Le blindage statique peut toutefois être omis, et il suffit de fixer une épaisseur de matériau isolant sur l'un des côtés du ventilateur.

Pour montrer le fonctionnement de la bobine, le ventilateur peut être placé sur la borne et il tournera facilement lorsque la bobine est alimentée par des courants de très haute fréquence. Avec un potentiel constant, bien sûr, et même avec des courants alternatifs de très basse fréquence, il ne tournerait pas, en raison de l'échange d'air très lent et, par conséquent, du bombardement plus faible. Mais dans ce dernier cas, le ventilateur pourrait tourner si le potentiel était excessif. Avec une roue à chevilles, il faut appliquer la règle inverse : il tourne mieux avec un potentiel constant et moins l'effort est important, plus la fréquence est haute. Maintenant, il est très facile de régler les conditions pour que le potentiel ne soit normalement pas suffisant pour faire tourner le ventilateur, mais qu'en connectant l'autre borne de la bobine avec un corps isolant, le potentiel s'élève à une valeur beaucoup plus grande, de manière à faire tourner le ventilateur, et il est également possible d'arrêter la rotation en connectant à la borne un corps de taille différente, diminuant donc le potentiel. Au lieu d'utiliser le ventilateur dans cette expérience, nous pourrions utiliser le radiomètre « électrique » avec un effet similaire. Mais dans ce cas, on constatera que les ailettes ne tournent seulement qu'à l'épuisement ou à des pressions ordinaires ; elles ne tournent pas à des pressions modérées, lorsque l'air est très conducteur.

Cette curieuse observation a été faite conjointement par le professeur Crookes et moi-même. J'attribue ce résultat à la haute conductivité de l'air, dont les molécules n'agissent alors pas comme des porteurs indépendants de charges électriques, mais agissent toutes ensemble comme un seul corps conducteur. Évidemment, dans ce genre de cas, s'il y a une quelconque répulsion de toutes les molécules venant des ailettes, elle doit être très faible. Il est possible, cependant, que le résultat soit en partie dû au fait que la plus grande partie de la décharge passe par le fil d'entrée par le gaz hautement conducteur, au lieu de passer par les ailettes conductrices.

En essayant la précédente expérience avec le radiomètre électrique, le potentiel ne devrait pas excéder une certaine limite, car l'attraction électrostatique entre les ailettes et le verre de l'ampoule peut alors être si importante qu'elle arrête la rotation.

Une des caractéristiques les plus curieuses des courants alternatifs de hautes fréquences et de potentiels élevés est qu'ils nous permettent de réaliser de nombreuses expériences en utilisant un seul fil. Cette caractéristique suscite à bien des égards un grand intérêt.

Dans un type de moteur à courant alternatif que j'ai inventé il y a quelques années, je produisais une rotation en induisant des courants secondaires, au moyen d'un seul courant alternatif passé dans un circuit moteur, dans la masse ou dans d'autres circuits du moteur. Ces courants secondaires, conjointement avec le courant primaire ou inducteur, créaient un champ de force mobile. Une forme simple, mais brute d'un tel moteur est obtenue en enroulant sur un noyau de fer une primaire, et à proximité de celui-ci une bobine secondaire, joignant les extrémités de cette dernière et plaçant un disque libre et mobile sous l'influence du champ produit par les deux.

Un noyau de fer est employé pour des raisons évidentes, mais il n'est pas essentiel à l'opération. Pour améliorer le moteur, le noyau de fer est conçu pour encercler l'induit. Toujours pour l'améliorer, la bobine secondaire est faite pour recouvrir partiellement la primaire, ainsi, elle ne peut se libérer d'une forte induction de cette dernière, repoussant ses lignes comme elle le pourrait. Une fois de plus, pour l'améliorer, la différence de phase appropriée est obtenue entre les courants primaire et secondaire par un condensateur, une auto-induction, une résistance ou des enroulements équivalents.

J'avais cependant découvert que la rotation est produite au moyen d'une seule bobine et d'un seul noyau ; mon explication du phénomène et ma réflexion dominante lors de l'essai de l'expérience, étant qu'il doit y avoir un véritable temps de latence dans la magnétisation du noyau. Je me souviens du plaisir que j'ai eu en découvrant l'idée du temps de latence préconisée par le professeur Ayrton, dans ses écrits qui me sont parvenus plus tard. La question de savoir s'il existe un véritable temps de latence, ou si le retard est dû à des courants de Foucault circulant sur des trajets infimes, doit rester ouverte ; mais le fait est que la bobine enroulée sur un noyau de fer et traversée par un courant alternatif crée un champ de force mobile, capable de mettre un induit en rotation. Il est intéressant, conjointement avec l'expérience historique d'Arago, de mentionner que dans les moteurs à phase ou à retard, j'ai produit une rotation dans le sens opposé au champ mobile, ce qui signifie que dans l'expérience, l'aimant peut ne pas tourner, ou peut même tourner dans le sens opposé au disque mobile. Voici donc un moteur (schématiquement illustré à la figure 17), comprenant une bobine et un noyau de fer, ainsi qu'un disque en cuivre librement mobile à proximité de ce dernier.

Pour présenter une caractéristique nouvelle et intéressante, j'ai choisi, pour une raison que je vais vous exposer, ce type de moteur. Lorsque les extrémités de la bobine sont connectées aux pôles d'un alternateur, le disque est mis en mouvement. Mais ce n'est pas cette expérience, désormais bien connue, que je souhaite réaliser.

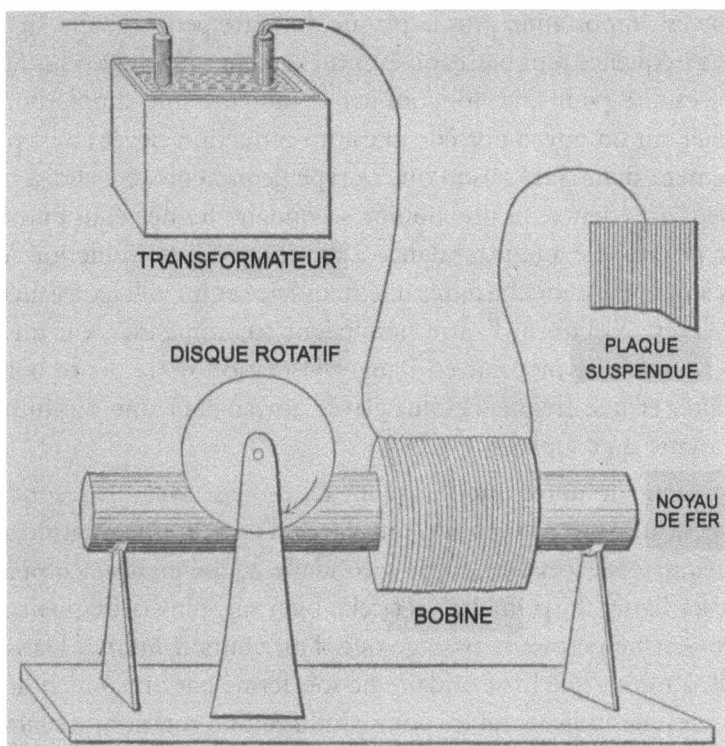

Fig.17 – Moteur à fil unique et moteur «sans fil».

Ce que je désire vous montrer, c'est que ce moteur tourne avec une seule connexion entre lui-même et le générateur ; c'est-à-dire qu'une borne du moteur est connectée à une borne du générateur : dans ce cas le secondaire d'une bobine d'induction à haute tension – les autres bornes du moteur et du générateur étant isolées dans l'espace. Pour produire une rotation, il est généralement (mais pas absolument) nécessaire de connecter l'extrémité libre de la bobine du moteur à un corps isolé d'une certaine taille. Le corps de l'expérimentateur est plus que suffisant. S'il touche la borne libre avec un objet tenu à la main, un courant passe dans la bobine et le disque de cuivre est mis en rotation. Si un tube vidé est mis en série avec la bobine, le tube s'allume brillamment, montrant le passage d'un fort courant. À la place du corps de l'expérimentateur, une petite plaque de métal suspendue à une corde peut être utilisée dans le même but. Dans ce cas, la plaque agit comme un condensateur en série avec le bobinage. Elle s'oppose à l'auto-induction de cette dernière et laisse passer un fort courant. Dans une telle combinaison, plus l'auto-induction de la bobine est importante, plus la plaque doit être petite, ce qui signifie qu'une fréquence plus basse, ou éventuellement un voltage plus faible est nécessaire pour faire fonctionner le moteur. Une simple bobine enroulée sur un noyau possède une auto-induction élevée ; c'est principalement pour cette raison que ce type de moteur a été choisi pour réaliser l'expérience. Si une bobine secondaire fermée était enroulée sur le noyau, elle aurait tendance à diminuer l'auto-induction, et il serait alors nécessaire d'utiliser une fréquence et un voltage beaucoup plus élevés. Ni l'un ni l'autre ne seraient recommandés, car un potentiel plus élevé mettrait en danger l'isolation de la petite bobine primaire, et une fréquence plus élevée entraînerait une diminution importante du couplage.

Il convient de noter que lorsqu'un tel moteur avec un secondaire fermé est utilisé, il n'est pas du tout facile d'obtenir une rotation avec des fréquences excessives, car le secondaire coupe presque complètement les lignes du primaire – et cela, bien sûr, plus la fréquence est élevée – et ne permet le passage que d'un courant infime. Dans un tel cas, à moins que le secondaire ne soit fermé par un condensateur, il est presque indispensable, pour produire une rotation, de faire se chevaucher plus ou moins les bobines primaire et secondaire.

Mais ce dispositif présente une autre caractéristique intéressante, à savoir qu'il n'est pas nécessaire d'avoir ne serait-ce qu'une seule connexion entre le moteur et le générateur, sauf, peut-être, par la terre ; car non seulement une plaque isolée est capable de dégager de l'énergie dans l'espace, mais elle est également capable de la dériver d'un champ électrostatique alternatif, bien que dans ce dernier cas l'énergie disponible soit beaucoup plus faible. Dans ce cas, l'une des bornes du moteur est reliée à la plaque ou au corps isolé situé dans le champ électrostatique alternatif, et l'autre borne est de préférence reliée à la terre.

Il est toutefois tout à fait possible que ces moteurs « sans fil », comme on pourrait les appeler, puissent être actionnés par conduction à travers l'air raréfié à des distances considérables. Les courants alternatifs, en particulier de hautes fréquences, passent avec une liberté étonnante à travers les gaz même légèrement raréfiés. Les couches supérieures de l'air sont raréfiées. Pour atteindre un rayon de plusieurs kilomètres dans l'espace, il faut surmonter des difficultés de nature purement mécanique. Il ne fait aucun doute qu'avec les énormes possibilités offertes par l'utilisation des hautes fréquences et de l'isolation au pétrole, des décharges lumineuses peuvent traverser de nombreux kilomètres d'air raréfié et que, en dirigeant ainsi l'énergie de plusieurs centaines ou milliers de chevaux-vapeur, des moteurs ou des lampes peuvent fonctionner à des distances considérables de sources stationnaires. Mais de tels projets ne sont mentionnés que comme des possibilités.

Nous n'aurons pas besoin de transmettre de l'énergie de cette manière. Nous n'aurons pas besoin de transmettre de l'énergie du tout. Lorsque de nombreuses générations passeront, nos machines seront entraînées par une puissance pouvant être obtenue en n'importe quel point de l'univers. Cette idée n'est pas nouvelle.

Les Hommes y ont été amenés il y a longtemps par l'instinct ou la raison. Elle s'est exprimée de nombreuses façons et en de nombreux points de l'histoire ancienne et nouvelle. Nous la retrouvons dans le charmant mythe d'Antée, qui tire son pouvoir de la terre; nous la retrouvons parmi les subtiles spéculations de l'un de vos splendides mathématiciens, et dans de nombreuses allusions et déclarations de penseurs du temps présent. Dans tout l'espace, il y a de l'énergie. Cette énergie est-elle statique ou cinétique? Si elle est statique, nos espoirs sont vains; si elle est cinétique – et nous savons que c'est le cas, c'est une question de temps, quand les hommes réussiront à fixer leurs machines aux rouages de la nature.

De tous, vivants ou morts, William Crookes fut le plus proche d'y arriver. Son radiomètre tournera dans la lumière du jour et dans l'obscurité de la nuit; il tournera partout où il y a de la chaleur, et il y a de la chaleur partout. Mais, malheureusement, cette belle petite machine, si elle passe à la postérité comme la plus attrayante, doit également être considérée comme la machine la plus inefficace jamais inventée! L'expérience précédente n'est qu'une des nombreuses expériences tout aussi intéressantes qui peuvent être réalisées en utilisant un seul fil avec des courants alternatifs à haut potentiel et à haute fréquence. On peut connecter une ligne isolée à une source de tels courants, on peut faire passer un courant inappréciable sur la ligne, et en tout point de celle-ci on peut obtenir un courant fort, capable de faire fondre un fil de cuivre épais. Ou bien nous pouvons, à l'aide de quelques artifices, faire se décomposer une solution dans n'importe quelle cellule électrolytique en ne reliant qu'un seul pôle de la cellule à la ligne ou à la source d'énergie. Nous pouvons aussi, en l'attachant à la ligne, ou seulement en l'amenant à proximité, allumer une lampe à incandescence, un tube épuisé ou une ampoule phosphorescente. Aussi irréalisable que ce plan de travail puisse paraître dans de nombreux cas, il semble certainement réalisable, et même recommandable, dans la production de lumière. Une ampoule perfectionnée ne nécessiterait que peu d'énergie et si l'on utilisait des fils, nous devrions être en mesure de fournir cette énergie sans fil de retour.

Il est désormais un fait qu'un corps peut être rendu incandescent ou phosphorescent en l'amenant soit m seul contact, soit simplement à proximité d'une source d'impulsions électriques de caractère propre, et que de cette manière une quantité de lumière suffisante pour permettre un éclairage pratique peut être produite. Il est donc pour le moins utile de tenter de déterminer les meilleures conditions et d'inventer les meilleurs dispositifs pour atteindre cet objet. Des expériences ont déjà été faites dans ce sens, et je m'y attarderai brièvement, en espérant qu'elles pourront s'avérer utiles. Le chauffage d'un corps conducteur enfermé dans une ampoule connectée à une source d'impulsions électriques à alternance rapide, dépend de tant de choses de nature différente, qu'il serait difficile de donner une règle d'application générale en vertu de laquelle le réchauffement maximal se produit. En ce qui concerne la taille du vaisseau, j'ai récemment constaté qu'à des pressions atmosphériques ordinaires ou légèrement différentes, lorsque l'air est un bon isolant, et donc que le corps dégage pratiquement la même quantité d'énergie par un certain potentiel et une certaine fréquence, que l'ampoule soit petite ou grande, le corps est porté à une température plus élevée s'il est incliné dans une petite ampoule, en raison du meilleur confinement de la chaleur dans ce cas.

À des pressions plus basses, lorsque l'air devient plus ou moins conducteur, ou si l'air est suffisamment réchauffé pour devenir conducteur, le corps est rendu plus intensément incandescent dans une grande ampoule, évidemment parce que, dans des conditions d'essai par ailleurs identiques, plus d'énergie peut être dégagée du corps lorsque l'ampoule est grande. À des degrés d'usure très élevés, lorsque la matière dans l'ampoule devient « rayonnante », une grande ampoule présente toujours un avantage, mais relativement faible, par rapport à la petite ampoule. Enfin, à des degrés d'épuisement excessivement élevés, qui ne peuvent être atteints que par l'emploi de moyens spéciaux, il semble qu'au-delà d'une certaine taille de vaisseau assez petite, il n'y ait pas de différence perceptible dans le niveau de chauffage.

Ces observations sont le résultat d'un certain nombre d'expériences, dont l'une, qui montre l'effet de la taille du bulbe à un degré d'épuisement élevé, peut être décrite et montrée ici, car elle présente une caractéristique intéressante. Trois ampoules sphériques de 2 pouces, 3 pouces et 4 pouces de diamètre furent prises, et au centre de chacune fut montée une longueur égale d'un filament de lampe à incandescence ordinaire d'épaisseur uniforme. Dans chaque ampoule, le morceau de filament était fixé au fil d'entrée en platine, contenu dans une tige de verre scellée dans l'ampoule ; en prenant soin, bien sûr, de rendre le tout aussi identique que possible. Sur chaque tige de verre, on glissait à l'intérieur de l'ampoule un tube en tôle d'aluminium très poli, qui s'ajustait à la tige et était maintenu par une pression de ressort.

La fonction de ce tube en aluminium sera expliquée ultérieurement. Dans chaque ampoule, une longueur égale de filament dépassait du tube métallique. Il suffit de dire maintenant que dans ces conditions, des longueurs égales de filament de même épaisseur, c'est-à-dire des corps de même volume, étaient portées à incandescence. Les trois ampoules ont été scellées à un tube de verre, qui a été relié à une pompe à mercure. Lorsqu'un vide élevé fut atteint, le tube de verre portant les ampoules a été scellé. Un courant a ensuite été allumé successivement sur chaque ampoule, et on a constaté que les filaments avaient à peu près la même luminosité, et que la plus petite ampoule, qui était placée à mi-chemin entre les deux plus grandes, pouvait être légèrement plus lumineuse. Ce résultat était attendu, car lorsque l'une des ampoules était connectée au bobinage, la luminosité se répandait à travers les deux autres, d'où le fait que les trois ampoules constituaient en réalité un seul vaisseau. Lorsque les trois ampoules étaient connectées en plusieurs arcs à la bobine, dans la plus grande d'entre elles, le filament brillait le plus fort, dans la plus petite suivante, il était un peu moins brillant, et dans la plus petite, il ne faisait que rougeoyer. Les ampoules furent ensuite scellées et essayées séparément. La luminosité des filaments était alors tel qu'on aurait pu s'y attendre en supposant que l'énergie dégagée était proportionnelle à la surface de l'ampoule, cette surface représentant dans chaque cas l'un des revêtements d'un condensateur.

En conséquence, il y avait moins de différence entre la plus grande et la moyenne ampoule qu'entre cette dernière et la plus petite. Une observation intéressante fut possible dans le cadre de cette expérience. Les trois ampoules étaient suspendues à un fil droit nu relié à une borne de la bobine, la plus grande ampoule étant placée à l'extrémité du fil, à une certaine distance de celle-ci la plus petite ampoule, et à égale distance de cette dernière la moyenne. Les carbones brillaient alors dans les deux plus grosses ampoules à peu près comme prévu, mais la plus petite n'obtenait pas sa part, et de loin. Cette observation m'a amené à échanger la position des ampoules, et j'ai alors observé que celle qui se trouvait au milieu était de loin moins lumineuse que les autres. Ce résultat déconcertant s'avéra, bien sûr, être dû à l'action électrostatique entre les ampoules. Lorsqu'elles étaient placées à une distance considérable, ou lorsqu'elles étaient fixées aux coins d'un triangle équilatéral de fil de cuivre, elles brillaient dans l'ordre déterminé par leurs surfaces. Quant à la forme du réceptacle, elle a également une certaine importance, surtout à des degrés d'épuisement élevés. Parmi toutes les configurations possibles, il semble qu'un globe sphérique avec le corps réfractaire monté en son centre soit le meilleur à utiliser. L'expérience démontra que dans un tel globe, un corps réfractaire d'un volume donné est plus facilement porté à incandescence que lorsque des ampoules de forme différente sont utilisées.

Il est également avantageux de donner au corps incandescent la forme d'une sphère, pour des raisons évidentes. Dans tous les cas, le corps doit être monté au centre, là où les atomes rebondissants du verre se heurtent. Le meilleur moyen d'obtenir cet objet est d'utiliser une ampoule sphérique, mais il est également possible de l'obtenir dans un récipient cylindrique avec un ou deux filaments droits coïncidant avec son axe, et éventuellement aussi dans des ampoules paraboliques ou sphériques avec le ou les corps réfractaires placés dans le ou les foyers de ces derniers ; bien que ce dernier cas ne soit pas probable, car les atomes électrifiés devraient dans tous les cas rebondir normalement à partir de la surface qu'ils frappent, sauf si la vitesse est excessive, auquel cas ils suivraient probablement la loi générale de la réflexion. Quelle que soit la forme du récipient, si l'usure est faible, un filament monté dans le globe est amené au même degré d'incandescence dans toutes les parties ; mais si l'usure est élevée et que le bulbe est sphérique ou en forme de poire, comme d'habitude, des points focaux se forment et le filament est chauffé à un degré plus élevé en ces points ou à proximité.

Pour illustrer l'effet, j'ai ici deux petites ampoules qui se ressemblent, une seule est épuisée à un faible degré et l'autre à un degré très élevé. Lorsqu'elle est reliée à la bobine, le filament de la première brille uniformément sur toute sa longueur, tandis que dans la seconde, la partie du filament qui se trouve au centre de l'ampoule brille beau-coup plus intensément que le reste. Ce qui est curieux, c'est que le phénomène se produit même si deux filaments sont montés dans une ampoule, chacun étant relié à une borne de la bobine, et, ce qui est encore plus curieux, s'ils sont très proches l'un de l'autre, à condition que le vide soit très élevé. Je constatais que dans les expériences avec de telles ampoules, que les filaments cédaient généralement à un cer-tain moment, et dans les premiers essais, je l'attribuais à un défaut du carbone. Mais lorsque le phénomène s'est produit plusieurs fois de suite, j'ai identifié sa véritable cause. Pour amener à l'incandescence un corps réfléchissant enfermé dans une ampoule, il est souhaitable, pour des raisons de rentabilité, que toute l'énergie fournie à l'am-poule par la source atteigne sans perte le corps à chauffer ; de là, et de nulle part ailleurs, elle doit être irradiée. Il est bien sûr inenvisa-geable d'atteindre ce résultat théorique, mais il est possible, par une construction adéquate du dispositif d'éclairage, de s'en approcher plus ou moins. Pour de nombreuses raisons, le corps réfléchissant est placé au centre de l'ampoule, et il est généralement soutenu par une tige de verre contenant le fil d'alimentation. Lorsque le voltage de ce fil est alterné, le gaz raréfié qui entoure la tige est soumis à une action inductive, et la tige de verre est violemment soumise à un bombardement et à un échauffement. De cette manière, la plus grande partie de l'énergie fournie à l'ampoule – en particulier lorsque des fréquences extrêmement élevées sont utilisées – peut être perdue pour l'objectif visé.

Pour éviter cette perte, ou du moins pour la réduire au minimum, je fais généralement barrage au gaz raréfié entourant la tige contre l'action inductive du fil d'entrée en dotant la tige d'un tube ou d'un revêtement de matériau conducteur. Il ne fait aucun doute que le meilleur des métaux à utiliser à cette fin est l'aluminium, en raison de ses nombreuses et remarquables propriétés. Son seul défaut est qu'il fond très facilement et, par conséquent, sa distance par rapport au corps incandescent doit être correctement estimée. Habituellement, un tube fin, d'un diamètre un peu plus petit que celui de la tige de verre, est fait de la feuille d'aluminium la plus fine, et glissé sur la tige. Le tube est préparé de manière pratique en enroulant autour d'une tige fixée dans un tour un morceau d'une plaque d'aluminium de la bonne taille, en saisissant fermement la plaque avec une peau de chamois propre ou du papier buvard, et en faisant tourner la tige très rapidement. La plaque est enroulée autour de la tige et on obtient un tube très poli d'une ou trois couches de la feuille. Lorsqu'elle est glissée sur la tige, la pression est généralement suffisante pour l'empêcher de glisser, mais, par sécurité, le bord inférieur de la feuille peut être tourné vers l'intérieur. L'angle supérieur intérieur de la plaque – c'est-à-dire celui qui est le plus proche du corps réfractaire incandescent – doit être découpé en diagonale, car il arrive souvent qu'en raison de la chaleur intense, cet angle se tourne vers l'intérieur et vienne très près ou en contact avec le fil, ou le filament, qui soutient le corps réfléchissant. La plus grande partie de l'énergie fournie à l'ampoule est alors utilisée pour chauffer le tube métallique, et l'ampoule est rendue inutilisable à cette fin.

La plaque d'aluminium doit dépasser la tige de verre de plus ou moins un pouce, sinon, si le verre est trop proche du corps incandescent, il peut être fortement chauffé et devenir plus ou moins conducteur, auquel cas il peut être rompu, ou peut, par sa conductivité, établir une bonne connexion électrique entre le tube métallique et le fil d'entrée, auquel cas, là encore, la majeure partie de l'énergie sera perdue en chauffant le premier. Le meilleur moyen est peut-être de réduire considérablement le diamètre de la partie supérieure du tube de verre, d'environ un pouce. Pour réduire encore plus le danger lié au chauffage de la tige de verre, et aussi pour empêcher une connexion électrique entre le tube métallique et l'électrode, j'entoure de préférence la tige de plusieurs couches de mica fin, qui s'étend au moins jusqu'au tube métallique. Dans certaines ampoules, j'ai également utilisé une couverture isolante extérieure. Les remarques précédentes ne sont faites que pour aider l'expérimentateur dans ses premiers essais, car les difficultés qu'il rencontre peuvent bientôt trouver des moyens de les surmonter à sa manière. Pour illustrer l'effet de l'écran, et l'avantage de l'utiliser, j'ai ici deux ampoules de même taille, avec leurs tiges, leurs fils d'entrée et les filaments de lampe à incandescence attachés à ces derniers, aussi semblables que possible. La tige de l'une des ampoules est munie d'un tube en aluminium, la tige de l'autre n'en a pas. À l'origine, les deux ampoules étaient reliées par un tube qui était relié à une pompe à mercure. Lorsqu'un vide important fut atteint, furent scellés d'abord le tube de raccordement, puis les ampoules; elles sont donc du même degré d'usure. Lorsqu'elles sont connectées séparément à la bobine donnant un certain potentiel, le filament de carbone de l'ampoule munie de l'écran d'aluminium est rendu très incandescent, tandis que le filament de l'autre ampoule peut, à potentiel égal, ne même pas devenir rougeoyant, bien qu'en réalité cette dernière ampoule consomme généralement plus d'énergie que la première. Lorsqu'elles sont toutes deux connectées ensemble au terminal, la différence est encore plus évidente, ce qui montre l'importance du barrage. Le tube métallique placé sur la tige contenant le fil d'entrée remplit en réalité deux fonctions distinctes: d'une part, il agit plus ou moins comme un écran électrostatique, ce qui permet d'économiser l'énergie fournie à l'ampoule; d'autre part, quel que soit le degré d'absence d'action électrostatique, il agit comme un allié mécanique, empêchant le bombardement, et par conséquent l'échauffement intense et la détérioration éventuelle du support mince du corps incandescent réfléchissant, ou de la tige de verre contenant le fil d'alimentation. Je parle de support mince, car il est évident que pour confiner la chaleur plus complètement au corps incandescent, son support doit être très mince, de manière à emporter la plus petite quantité de chaleur par conduction.

De tous les supports utilisés, j'ai trouvé qu'un filament de lampe à incandescence ordinaire était le meilleur, principalement parce que parmi les conducteurs, il peut supporter les plus hauts degrés de chaleur. L'efficacité du tube métallique comme écran électrostatique dépend en grande partie du degré d'usure. À des degrés d'usure excessivement élevés – qui sont atteints en utilisant de grandes précautions et des moyens spéciaux en relation avec la pompe Sprengel – lorsque la matière du globe est à l'état ultra-radiant, elle agit le plus parfaitement. L'ombre du bord supérieur du tube est alors nettement définie sur l'ampoule. À un degré d'épuisement un peu plus faible, qui concerne le vide ordinaire «non frappant», et en général, tant que la matière se déplace principalement en ligne droite, le barrage fonctionne encore bien. Pour éclaircir la remarque précédente, il est nécessaire de préciser que ce qui est un vide «sans frappe» pour une bobine actionnée, comme d'habitude, par des impulsions, ou des courants, de basse fréquence, n'est pas, et de loin, le cas lorsque la bobine est actionnée par des courants de très haute fréquence. Dans ce cas, la décharge peut passer avec une grande liberté à travers le gaz raréfié, à travers lequel une décharge à basse fréquence peut ne pas passer, même si le potentiel est beaucoup plus élevé. Aux pressions atmosphériques ordinaires, c'est la règle inverse qui s'applique : plus la fréquence est élevée, moins la décharge d'étincelles peut sauter entre les bornes, surtout s'il s'agit de boutons ou de sphères d'une certaine taille. Enfin, à des degrés d'usure très faibles, lorsque le gaz est bien conducteur, le tube métallique non seulement n'agit pas comme un écran électrostatique, mais constitue même un inconvénient, car il contribue dans une large mesure à la dissipation latérale de l'énergie du fil d'arrivée. Cela est bien sûr prévisible. Dans ce cas, le tube métallique est en bonne connexion électrique avec le fil d'alimentation, et la majeure partie du bombardement est dirigée sur le tube. Tant que la connexion électrique n'est pas bonne, le tube conducteur présente toujours un certain avantage, car même s'il n'économise pas beaucoup d'énergie, il protège le support du bouton réfractaire et permet de concentrer plus d'énergie sur ce dernier. Quelle que soit la mesure dans laquelle le tube en aluminium remplit la fonction de barrière, son utilité est donc limitée à un degré d'épuisement très élevé lorsqu'il est isolé de l'électrode, c'est-à-dire lorsque l'ensemble du gaz est conducteur de l'hydrogène et que les molécules, ou atomes, agissent comme des éléments indépendants. Les porteurs de charges électriques. En plus d'agir comme une barrière plus ou moins efficace, au sens propre du terme, le tube conducteur ou le revêtement peut également agir, en raison de sa conductivité, comme une sorte d'égalisateur ou d'amortisseur du bombardement contre la tige. Pour être plus précis, je suppose que le fonctionnement est le suivant : supposons qu'un bombardement rythmique se produise contre le tube conducteur en raison de son action imparfaite comme barrière, il doit certainement arriver que certaines molécules, ou atomes, frappent le tube plus tôt que d'autres. Celles qui entrent en contact avec lui en premier abandonnent leur charge superflue, et le tube est électrifié, l'électrification s'étendant instantanément sur sa surface. Mais cela doit diminuer l'énergie perdue dans le bombardement pour deux raisons : premièrement, la charge abandonnée par les atomes se répand sur une grande surface, et donc la densité électrique en tout point est faible, et les atomes sont repoussés avec moins d'énergie qu'ils ne le seraient s'ils frappaient un bon isolant ; deuxièmement, comme le tube est électrifié par les atomes qui entrent d'abord en contact avec lui, la progression des atomes suivants contre le tube est plus ou moins contrôlée par la répulsion que le tube électrifié doit exercer sur les atomes pareillement électrifiés. Cette répulsion est peut-être suffisante pour empêcher une grande partie des atomes de frapper le tube, mais elle doit en tout cas diminuer l'énergie de leur impact. Il est clair que lorsque l'épuisement est très faible, et que le gaz raréfié est bien conducteur, aucun des effets ci-dessus ne peut se produire, et, d'autre part, moins les atomes sont nombreux, plus ils se déplacent librement ; en d'autres termes, plus le degré d'épuisement est élevé, jusqu'à une limite, plus les deux effets seront révélateurs.

Ce que je viens de dire peut permettre d'expliquer le phénomène observé par le professeur William Crookes, à savoir qu'une décharge à travers une ampoule s'établit avec beaucoup plus de facilité lorsqu'un isolant est présent que lorsqu'un conducteur est présent dans celle-ci. À mon sens, le conducteur agit comme un amortisseur du mouvement des atomes dans les deux sens indiqués ; par conséquent, pour faire passer une décharge visible à travers l'ampoule, un potentiel beaucoup plus élevé est nécessaire si un conducteur, surtout de grande surface, est présent. Pour la clarté de certaines des remarques précédentes, je dois maintenant me référer aux figures 18, 19 et 20, qui illustrent différents arrangements avec un type d'ampoule le plus généralement utilisé.

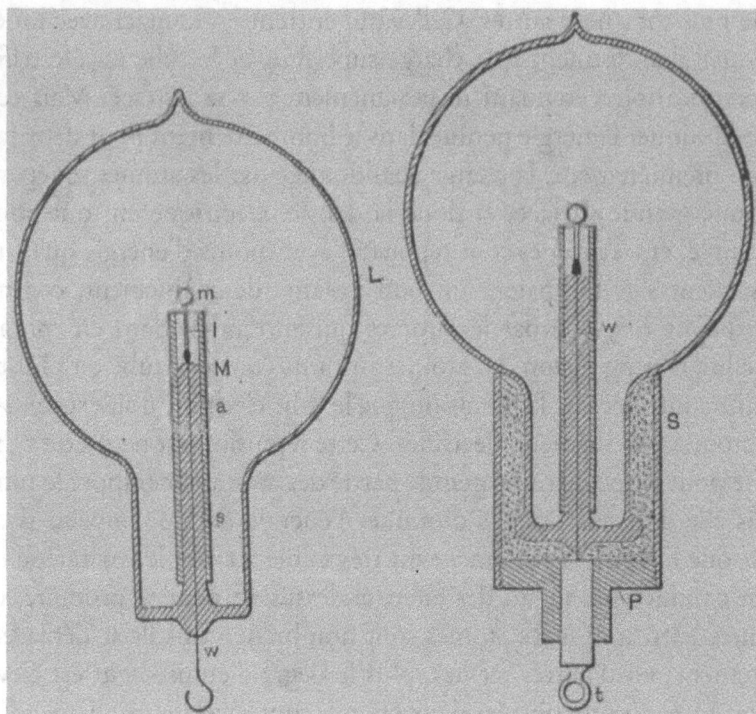

Fig. 18 – Ampoule avec tube de mica   Fig. 19 – Tube d'ampoule amélioré
et barrière d'aluminium.   et aluminium avec douille et barrière.

La figure 18 est une section d'une ampoule sphérique L, avec la tige de verre s, contenant le fil d'entrée w, auquel est fixé un filament de lampe I, servant à soutenir le bouton réfléchissant m au centre. M est une couche de mica mince enroulée en plusieurs couches autour de la tige s, et a est le tube d'aluminium.

La figure 19 illustre une telle ampoule à un stade de perfection un peu plus avancé. Un tube métallique S est fixé au moyen d'un peu de ciment au col du tube. Dans le tube est vissée une fiche P, en matériau isolant, au centre de laquelle est fixée une borne métallique t, pour la connexion au fil d'entrée w. Cette borne doit être bien isolée du tube métallique S, donc, si le ciment utilisé est conducteur – et le plus généralement il l'est suffisamment – l'espace entre le bouchon P et le col de l'ampoule doit être rempli d'un bon matériau isolant, comme de la poudre de mica. Entre le bouchon P et le col de l'ampoule doit être rempli d'un bon matériau isolant, comme de la poudre de mica.

La figure 20 montre une ampoule fabriquée à des fins expérimentales. Dans cette ampoule, le tube en aluminium est muni d'une connexion externe, qui sert à étudier l'effet du tube dans diverses conditions.

On y fait référence principalement pour suggérer une ligne d'expérience continue. Comme le bombardement contre la tige contenant le fil d'entrée est dû à l'action inductive de ce dernier sur le gaz raréfié, il est avantageux de réduire cette action autant que possible en utilisant un fil très fin, entouré d'une isolation très épaisse en verre ou autre matériau, et en rendant le fil passant à travers le gaz raréfié aussi court que possible.

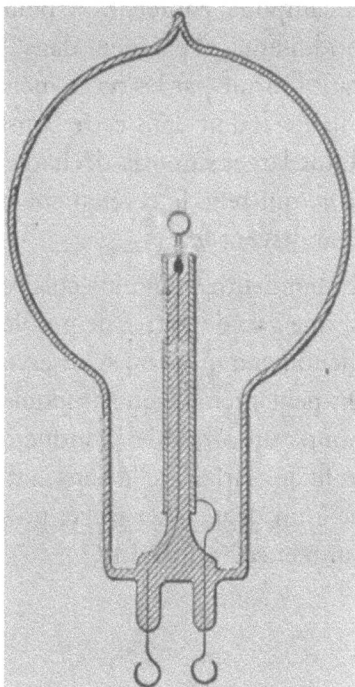

Fig. 20 – Ampoule pour les expériences avec tube conducteur.

Pour combiner ces caractéristiques, j'utilise un grand tube T (se reporter à la figure 21), qui fait saillie dans l'ampoule à une certaine distance, et porte sur le dessus une très courte tige de verre s, dans laquelle est scellé le fil d'entrée w, et je protège le dessus de la tige de verre contre la chaleur un petit tube d'aluminium a et une couche de mica en dessous de celui-ci, comme d'habitude. Le fil w, qui passe dans le grand tube jusqu'à l'extérieur de l'ampoule, doit être bien isolé – avec un tube de verre, par exemple – et l'espace entre les deux doit être rempli avec un excellent isolant.

Parmi les nombreuses poudres isolantes que j'ai essayées, j'ai constaté que la poudre de mica est la meilleure à utiliser. Si cette précaution n'est pas prise, le tube T, qui dépasse dans l'ampoule, sera sûrement fissuré en raison de l'échauffement par les brosses qui sont susceptibles de se former dans la partie supérieure du tube, près du globe épuisé, surtout si le vide est excellent, et donc le potentiel nécessaire pour faire fonctionner la lampe très élevée. La figure 22 illustre un arrangement similaire, avec un grand tube T dépassant dans la partie de l'ampoule contenant le bouton réfléchissant *m*. Dans ce cas, le fil conduisant de l'extérieur dans l'ampoule est omis, l'énergie nécessaire étant fournie par les revêtements du condensateur *R C*. La garniture isolante *P* doit dans cette construction être bien ajustée au verre, et plutôt large, sinon la décharge pourrait éviter de passer à travers le fil *w*, qui relie le revêtement intérieur du condensateur au bouton incandescent *m*.

Le bombardement moléculaire contre la tige de verre dans l'ampoule est une grande source de problèmes. Je citerai à titre d'illustration un phénomène que l'on n'observe que trop souvent et contre son gré. On peut prendre une ampoule, de préférence de grande taille, et y monter un corps bien conducteur, tel qu'un morceau de carbone, sur un fil de platine scellé dans la tige de verre. L'ampoule peut être épuisée à un degré assez élevé, presque au point où la phosphorescence commence à apparaître.

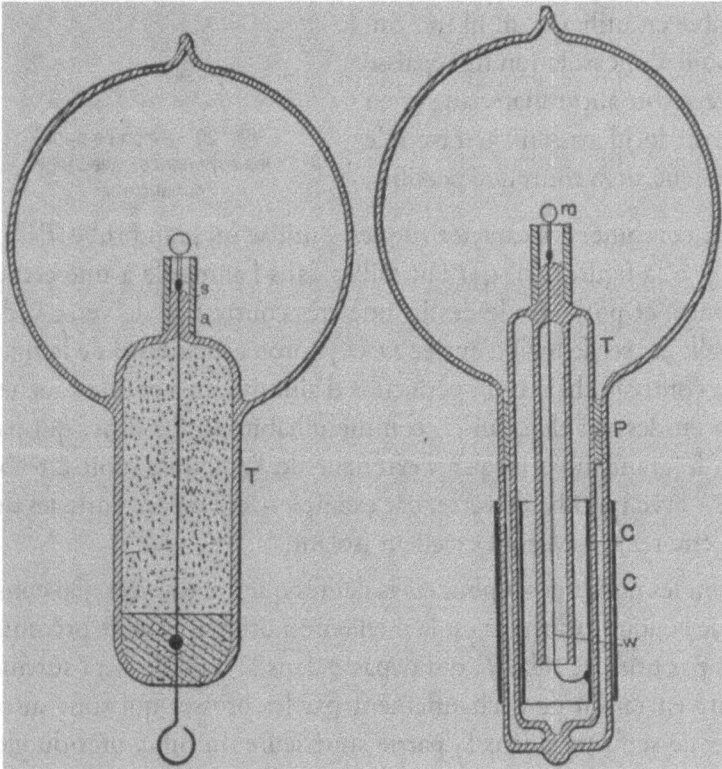

Fig. 21 – Ampoule améliorée avec   Fig. 22 – Type d'ampoule sans
bouton non conducteur.   fil conducteur.

Lorsque l'ampoule est reliée à la bobine, le morceau de carbone, s'il est petit, peut devenir très incandescent au début, mais sa luminosité diminue immédiatement, et la décharge peut alors traverser le verre quelque part au milieu de la tige, sous forme d'étincelles brillantes, malgré le fait que le fil de platine soit en bonne connexion électrique avec le gaz raréfié par le biais du morceau de carbone ou de métal situé au sommet. Les premières étincelles sont particulièrement brillantes, rappelant celles produites par une surface claire de mercure. Mais, comme elles chauffent rapidement le verre, elles perdent bien sûr leur brillance, et s'arrêtent lorsque le verre à l'endroit de la rupture devient incandescent, ou généralement suffisamment chaud pour être conducteur. Lorsqu'il est observé pour la première fois, le phénomène doit sembler très curieux et montre de manière frappante comment des courants alternatifs radicalement différents, ou des impulsions, de haute fréquence se comportent, par rapport à des courants stables, ou des courants de basse fréquence. Avec de tels courants – notamment les courants de basse fréquence – le phénomène ne se produirait évidemment pas. Lorsque des fréquences telles que celles obtenues par des moyens mécaniques sont utilisées, je pense que la rupture du verre est plus ou moins la conséquence du bombardement, qui le réchauffe et diminue son pouvoir isolant ; mais avec des fréquences que l'on peut obtenir avec des condensateurs, je ne doute pas que le verre puisse céder sans réchauffement préalable. Bien que cela semble très particulier au premier abord, c'est en réalité ce à quoi on peut s'attendre. L'énergie fournie au fil conduisant à l'ampoule est libérée en partie par action directe par le bouton de carbone, et en partie par action inductive à travers le verre entourant le fil. Le cas est donc analogue à celui où un condensateur dérivé par un conducteur de faible résistance est connecté à une source de courant alternatif. Tant que les fréquences sont basses, le conducteur en tire le plus grand bénéfice, et le condensateur est parfaitement sûr ; mais lorsque la fréquence devient excessive, le rôle du conducteur peut devenir tout à fait insignifiant.

Dans ce dernier cas, la différence de potentiel aux bornes du condensateur peut devenir si importante qu'elle provoque la rupture du diélectrique, bien que les bornes soient reliées par un conducteur de faible résistance.

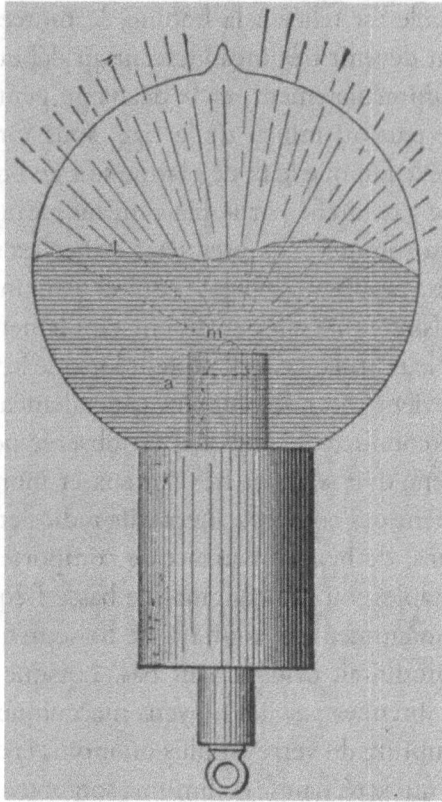

Fig. 23 – Effet produit par une « goutte de rubis ».

Bien entendu, il n'est pas nécessaire, lorsque l'on souhaite produire l'incandescence d'un corps enfermé dans une ampoule au moyen de ces courants, que le corps soit conducteur, car même un parfait non-conducteur peut être tout aussi facilement chauffé. À cette fin, il suffit d'entourer une électrode conductrice d'un matériau non conducteur, comme, par exemple dans l'ampoule décrite précédemment à la figure 21, dans laquelle un mince filament de lampe à incandescence est revêtu d'un matériau non conducteur et supporte un bouton du même matériau sur le dessus. Au début, le bombardement se poursuit par action inductive à travers le matériau non conducteur, jusqu'à ce que celui-ci soit suffisamment chauffé pour devenir conducteur, lorsque le bombardement se poursuit de manière ordinaire. Une disposition différente utilisée dans certaines des ampoules construites est illustrée dans la figure 23. Dans ce cas, un non-conducteur m est monté dans un morceau de carbone léger à arc commun de manière à dépasser ce dernier d'une petite distance. Le morceau de carbone est relié au fil d'entrée passant à travers une tige de verre, qui est enveloppée de plusieurs couches de mica. Un tube en aluminium *a* est utilisé comme d'habitude pour le blindage. Il est disposé de telle sorte qu'il atteint presque la hauteur du carbone et que seul le non-conducteur *m* dépasse un peu au-dessus de celui-ci. Le bombardement se fait d'abord contre la surface supérieure du carbone, les parties inférieures étant protégées par le tube d'aluminium. Cependant, dès que le non-conducteur *m* est chauffé, il devient conducteur, puis il devient le centre du bombardement, étant le plus exposé à celui-ci.

J'ai également construit au cours de ces expériences de nombreuses ampoules à fil unique avec ou sans électrode interne, dans lesquelles la matière rayonnante était projetée contre le corps à rendre incandescent ou se concentrait sur lui. La figure 24 illustre l'une des ampoules utilisées. Elle se compose d'un globe sphérique *L*, muni d'un long col n, sur le dessus, pour augmenter l'action dans certains cas par l'application d'un revêtement conducteur externe. Le globe *L* est soufflé sur le fond en une très petite ampoule *b*, qui sert à le maintenir fermement dans une douille *S* en matériau isolant dans laquelle il est cimenté. Un fin filament de lampe *f*, supporté par un fil *w*, passe au centre du globe *L*. Le filament est rendu incandescent dans la partie centrale, où le bombardement provenant de la surface intérieure inférieure du globe est le plus intense.

La partie inférieure du globe, jusqu'à la douille *S*, est devenue conductrice, soit par un revêtement d'étain ou autre, et l'électrode externe est connectée à une borne de la bobine.

La disposition indiquée dans le schéma de la figure 24 s'est avérée inférieure lorsqu'il s'agissait de rendre incandescent un filament ou un bouton soutenu au centre du globe, mais elle était pratique lorsque l'objet devait provoquer une phosphorescence. Dans de nombreuses expériences où des corps d'un type différent étaient montés dans l'ampoule comme, par exemple, indiqué dans la figure 23, certaines observations intéressantes ont été faites. On a constaté, entre autres, que dans de tels cas, quel que soit l'endroit où le bombardement commençait, dès qu'une température élevée était atteinte, il y avait généralement un des corps qui semblait prendre sur lui la plus grande partie du bombardement, l'autre ou les autres étant ainsi déchargés. Cette qualité semblait dépendre principalement du point de fusion, et de la facilité avec laquelle le corps était «évaporé» ou, de manière générale, désintégré – ce qui signifie, par ce dernier terme, non seulement le rejet d'atomes, mais aussi de plus gros éléments. L'observation faite était conforme aux notions généralement admises. Dans une ampoule fortement usée, l'électricité est évacuée de l'électrode par des porteurs indépendants, qui sont en partie les atomes, ou molécules, de l'atmosphère résiduelle, et en partie les atomes, molécules ou morceaux rejetés par l'électrode. Si l'électrode est composée de corps de nature différente, et si l'un d'entre eux est plus facilement désintégré que les autres, la plus grande partie de l'électricité fournie est évacuée de ce corps, qui est alors porté à une température plus élevée que les autres, et ce d'autant plus que lors d'une augmentation de la température, le corps est encore plus facilement désintégré. Il me semble tout à fait probable qu'un processus similaire se produise dans l'ampoule même avec une électrode homogène, et je pense que c'est la cause principale de la désintégration. Il y a forcément une certaine irrégularité, même si la surface est très polie, ce qui, bien sûr, est impossible avec la plupart des corps réfléchissants utilisés comme électrodes. Supposons qu'un point de l'électrode devienne plus chaud, que la majeure partie de la décharge passe instantanément par ce point, et qu'une minuscule tache soit probablement fondue et évaporée. l est maintenant possible qu'à la suite de la violente désintégration, le point touché descende en température, ou qu'une contre-force soit créée, comme dans un arc; en tout cas, la rupture locale rencontre les limites de l'expérience, et le même processus se produit alors à un autre endroit. À l'œil, l'électrode semble uniformément brillante, mais elle porte des points qui se meuvent et se déplacent constamment, d'une température bien supérieure à la moyenne, ce qui accélère matériellement le processus de détérioration.

Si une telle chose se produit, du moins lorsque l'électrode est à une température plus basse, on peut obtenir des preuves expérimentales suffisantes de la manière suivante: on use une ampoule à un degré très élevé, de sorte qu'avec un potentiel assez élevé, la décharge ne puisse pas passer – c'est-à-dire qu'elle n'est pas lumineuse, car une faible décharge invisible se produit toujours, selon toute probabilité. Puis augmenter ensuite lentement et prudemment le potentiel, en ne laissant le courant primaire pas plus d'un court instant. À un certain moment, deux, trois ou une demi-douzaine de points phosphorescents apparaîtront sur le globe. Ces endroits du verre sont évidemment plus violemment bombardés que d'autres, ceci étant dû à la densité électrique inégalement répartie, rendue nécessaire, bien sûr, par des projections nettes, ou, d'une manière générale, des irrégularités de l'électrode. Mais les taches lumineuses changent constamment de position, ce qui est particulièrement bien observable si l'on parvient à en produire très peu, et cela indique que la configuration de l'électrode change rapidement. De ce genre d'expériences, je suis amené à déduire que, pour être le plus durable possible, le bouton réfractaire de l'ampoule doit avoir la forme d'une sphère à la surface très polie. Une sphère aussi petite pourrait être fabriquée à partir d'un diamant ou d'un autre cristal, mais une meilleure solution serait de faire fondre, par l'emploi de degrés de température extrêmes, un oxyde – comme la zircone (dioxyde de zirconium), par exemple – en une petite goutte, puis de le maintenir dans l'ampoule à une température légèrement inférieure à son point de fusion.

Des résultats intéressants et utiles peuvent sans doute être obtenus dans le cadre de degrés de chaleur extrêmes. Comment peut-on arriver à des températures aussi élevées? Comment atteindre les degrés de chaleur les plus élevés dans la nature? Par l'impact des étoiles, par les vitesses élevées et les collisions. Lors d'une collision, n'importe quel taux de production de chaleur peut être atteint. Nous sommes limités dans un processus chimique. Lorsque l'oxygène et l'hydrogène se combinent, ils tombent, métaphoriquement parlant, d'une hauteur définie. Nous ne pouvons pas aller très loin avec une explosion ni en confinant la chaleur dans un four, mais dans une ampoule usagée, nous pouvons concentrer n'importe quelle quantité d'énergie sur un bouton minuscule. Si l'on ne tient pas compte de la faisabilité, ce serait donc le moyen qui, à mon avis, nous permettrait d'atteindre la température la plus élevée. Mais on rencontre une grande difficulté lorsqu'on procède de cette manière, à savoir que, dans la plupart des cas, le corps est emporté avant qu'il ne puisse fusionner et former une goutte. Cette difficulté se pose principalement avec un oxyde comme la zircone, car il ne peut pas être comprimé dans un «agglomérat» si dur qu'il ne serait pas emporté rapidement. Je me suis efforcé à plusieurs reprises de faire fondre la zircone, en la plaçant dans une coupe ou un arc de carbone léger, comme l'indique la figure 23. Elle brillait d'une lumière très intense, et le flux des particules projetées hors de la coupe de carbone était d'un blanc éclatant ; mais qu'elle soit comprimée dans un « agglomérat » ou transformée en une pâte avec du carbone, elle était évacuée avant de pouvoir être fusionnée. La coupe de carbone contenant la zircone devait être montée très bas dans le col d'une grande ampoule, car le chauffage du verre par les particules d'oxyde projetées était si rapide que, lors du premier essai, l'ampoule se fissurait presque en un instant lorsque le courant était allumé.

On a constaté que l'échauffement du verre par les particules projetées était toujours plus important lorsque la coupe de carbone contenait un corps qui était rapidement emporté – je suppose que dans ce cas, avec le même potentiel, des vitesses plus élevées étaient atteintes, et aussi parce que, par unité de temps, plus de matière était projetée – c'est-à-dire que plus de particules heurtaient le verre. Mais la difficulté évoquée plus haut n'existait pas lorsque le corps monté dans la coupe en carbone offrait une grande résistance à la détérioration. Par exemple, lorsqu'un oxyde était d'abord fondu dans un souffle d'oxygène puis monté dans l'ampoule, il fondait très facilement en une goutte.

En général, au cours du processus de fusion, on a constaté de remarquables effets lumineux, dont il serait difficile de donner une idée adéquate. La figure 23 est destinée à illustrer l'effet observé avec une « goutte de rubis ». Au début, on peut voir un étroit entonnoir de lumière blanche projeté contre le sommet du globe, où il produit une tache phosphorescente aux contours irréguliers. Lorsque la pointe du rubis fusionne, la phosphorescence devient très puissante ; mais comme les atomes sont projetés avec une vitesse beaucoup plus grande depuis la surface de la goutte, le verre devient vite chaud et « usé », et maintenant seul le bord extérieur de la tache brille. De cette manière, une ligne intensément phosphorescente, nettement définie, *l*, correspondant au contour de la goutte, est produite, qui se répand lentement sur le globe au fur et à mesure que la goutte grossit. Lorsque la masse commence à bouillir, de petites bulles et cavités se forment, ce qui fait que des taches de couleur sombre balaient le globe. L'ampoule peut être tournée vers le bas sans craindre que la goutte ne tombe, car la masse possède une viscosité considérable.

Je peux mentionner ici une autre caractéristique d'un certain intérêt, que je crois avoir notée au cours de ces expériences, bien que les observations ne constituent pas une certitude. Il est *apparu* que sous l'impact moléculaire causé par le potentiel d'alternance rapide, le corps était fondu et maintenu dans cet état à une température plus basse dans une ampoule fortement usée que ce n'était le cas à la pression normale et à l'application de chaleur de la manière ordinaire – c'est-à-dire, du moins, à en juger par la quantité de lumière émise. L'une des expériences réalisées peut être mentionnée ici à titre d'illustration. Un petit morceau de pierre ponce a été collé sur un fil de platine, et a d'abord fondu dans un brûleur à gaz. Le fil était ensuite placé entre deux morceaux de charbon de bois et un brûleur appliqué de manière à produire une chaleur intense, suffisante pour faire fondre la pierre ponce en un petit bouton en verre. Le fil de platine devait être pris d'une épaisseur suffisante pour éviter qu'il ne fonde dans le feu. Lorsqu'il était dans le feu de charbon de bois, ou lorsqu'il était maintenu dans un brûleur pour avoir une meilleure idée du degré de chaleur, le bouton brillait avec beaucoup d'éclat. Le fil avec le bouton était alors monté dans une ampoule, et après l'avoir épuisé à un degré élevé, le courant était allumé lentement afin d'éviter que le bouton ne se brise. Le bouton était chauffé jusqu'au point de fusion, et lorsqu'il fondait, il ne brillait apparemment plus avec la même intensité qu'auparavant, ce qui indiquait une température plus basse. Sans tenir compte de l'erreur possible, et même probable, de l'observateur, la question est de savoir si, dans ces conditions, un corps peut passer d'un état solide à un état liquide avec une évolution de la lumière *moins* importante. Lorsque le potentiel d'un corps est rapidement alterné, il est certain que la structure est ébranlée.

Lorsque le potentiel est très élevé, bien que les vibrations puissent être peu nombreuses – disons 20 000 par seconde – l'effet sur la structure peut être considérable. Supposons, par exemple, qu'un rubis soit fondu en une goutte par une application régulière d'énergie. Lorsqu'il forme une goutte, il émet des ondes visibles et invisibles, qui sont dans un rapport défini, et la goutte apparaît à l'œil nu comme étant d'une certaine brillance. Ensuite, supposons que nous diminuions à n'importe quel degré, nous choisissons l'énergie fournie de manière régulière, et que nous fournissons plutôt de l'énergie qui monte et descend selon une certaine loi. Lorsque la goutte se formera, elle émettra trois types de vibrations différentes : des ondes visibles ordinaires et deux types d'ondes invisibles, c'est-à-dire des ondes sombres ordinaires de toutes longueurs et, en outre, des ondes de caractère bien défini. Ces dernières n'existeraient pas par un apport constant d'énergie ; elles contribuent néanmoins à secouer et à desserrer la structure. Si c'est vraiment le cas, alors la « goutte de rubis » émettra des ondes relativement moins visibles et plus invisibles qu'auparavant. Il semblerait donc que lorsqu'un fil de platine, par exemple, est fusionné par des courants alternant avec une extrême rapidité, il émet au point de fusion moins de lumière et plus de rayonnement invisible que lorsqu'il est fondu par un courant constant, bien que l'énergie totale utilisée dans le processus de fusion soit la même dans les deux cas. Ou, pour citer un autre exemple, un filament de lampe n'est pas capable de résister aussi longtemps à des courants d'une fréquence extrême qu'à des courants réguliers, en supposant qu'il soit travaillé à la même intensité lumineuse. Cela signifie que pour des courants rapidement alternatifs, le filament doit être plus court et plus épais. Plus la fréquence est élevée, c'est-à-dire plus l'écart par rapport au flux constant est important, moins bonne sera la situation du filament. Mais si la véracité de cette remarque était démontrée, il serait erroné de conclure qu'un bouton réfléchissant tel qu'il est utilisé dans ces ampoules serait détérioré plus rapidement par des courants de fréquence extrêmement élevée que par des courants de fréquence régulière ou basse. D'expérience, je peux dire que c'est tout le contraire qui est vrai : le bouton résiste mieux au bombardement avec des courants de très haute fréquence. Mais cela est dû au fait qu'une décharge à haute fréquence traverse un gaz raréfié avec une liberté beaucoup plus grande qu'une décharge à basse fréquence ou régulière, et cela veut dire qu'avec la première on peut opérer avec un potentiel plus faible ou avec un impact moins violent. Tant que le gaz est sans conséquence, un courant régulier ou de basse fréquence est préférable ; mais dès que l'action du gaz est souhaitée et importante, les hautes fréquences sont préférables.

Au cours de ces expériences, un grand nombre d'essais ont été réalisés avec toutes sortes de boutons en carbone. Les électrodes fabriquées à partir de boutons en carbone ordinaires étaient nettement plus durables lorsque les boutons étaient obtenus par l'application d'une pression considérable. Les électrodes préparées en déposant du carbone selon des méthodes bien connues ne se sont pas bien montrées ; elles ont noirci le globe très rapidement. De nombreuses expériences me permettent de conclure que les filaments de lampe obtenus de cette manière ne peuvent être utilisés avantageusement qu'avec des potentiels et des courants de basse fréquence. Certains types de carbone résistent si bien que, pour les amener au point de fusion, il faut utiliser de très petits boutons. Dans ce cas, l'observation est rendue très difficile en raison de la chaleur intense produite.

Néanmoins, il ne fait aucun doute que toutes sortes de carbone sont fusionnés sous le bombardement moléculaire, mais l'état liquide doit être d'une grande instabilité. De tous les corps testés, seuls deux ont le mieux résisté : le diamant et le carborundum. Ces deux corps se sont avérés à peu près égaux, mais le dernier était préférable, pour de nombreuses raisons. Comme il est plus que probable que ce corps n'est pas encore connu de tous, je me permets d'attirer votre attention sur celui-ci.

Il fut récemment produit par M. Edward Goodrich Acheson, de Monongahela City, dans l'état de Pennsylvanie, aux États-Unis. Il est destiné à remplacer la poudre de diamant ordinaire pour le polissage des pierres précieuses, etc., et j'ai été informé qu'il accomplit cet objectif avec beaucoup de succès. Je ne sais pas pourquoi le nom de « carborundum » lui a été donné, à moins que quelque chose dans le processus de sa fabrication ne justifie ce choix. Grâce à la générosité de l'inventeur, j'ai obtenu il y a peu de temps des échantillons que je souhaitais tester en ce qui concerne leurs qualités de phosphorescence et leur capacité à résister à des degrés de chaleur élevés.

Le carborundum (également appelé « carbure de silicium ») peut être obtenu sous deux formes : sous forme de « cristaux » et de poudre. La poudre de carborundum apparaît à l'œil nu de couleur foncée, mais elle est très brillante ; la poudre de carborundum est presque de la même couleur que la poudre de diamant ordinaire, mais elle est beaucoup plus fine. En regardant au microscope, les échantillons de cristaux qui m'ont été donnés ne semblaient pas avoir de forme définie, mais ressemblaient plutôt à des morceaux de charbon prenant la forme d'œuf brisé de qualité. La plupart étaient opaques, mais certains étaient transparents et colorés. Les cristaux sont une sorte de carbone contenant quelques impuretés ; ils sont extrêmement durs et résistent longtemps, même à une explosion d'oxygène.

Lorsque le souffle est dirigé contre ces cristaux, ils forment d'abord un agglomérat d'une certaine compacité, probablement en raison de la fusion des impuretés qu'ils contiennent. La masse résiste très long-temps au souffle sans autre fusion ; mais un lent entraînement, ou combustion, se produit, et, finalement, il reste une petite quantité d'un résidu semblable à du verre, qui, je suppose, est de l'alumine fondue. Lorsqu'ils sont fortement comprimés, ils sont très conduc-teurs, mais pas aussi bien que le carbone ordinaire. La poudre, qui est obtenue à partir des cristaux d'une manière ou d'une autre, est prati-quement non conductrice. Elle constitue un magnifique matériau de polissage pour les pierres.

J'eus peu de temps pour faire une étude satisfaisante des propriétés de ce produit, mais en quelques semaines, j'ai acquis suffisamment d'expérience pour dire qu'il possède des propriétés remarquables à bien des égards. Il résiste à des degrés de chaleur excessivement élevés, il est peu détérioré par le bombardement moléculaire et il ne noircit pas le globe comme le fait le carbone ordinaire. La seule difficulté que j'ai rencontrée lors de son utilisation dans le cadre de ces expériences a été de trouver un liant qui résisterait à la chaleur et à l'effet du bombardement avec autant de succès que le carborundum lui-même. J'ai ici un certain nombre d'ampoules que j'ai pourvues de boutons en carborundum. Pour fabriquer un tel bouton en cristaux de carbo-rundum, je procède de la manière suivante : je prends un filament de lampe ordinaire et je trempe sa pointe dans du goudron, ou dans une autre substance épaisse ou une peinture qui peut être facilement car-bonisée. Je fais ensuite passer la pointe du filament à travers les cris-taux, puis je la tiens verticalement au-dessus d'une plaque chauffante.

Le goudron se ramollit et forme une goutte sur la pointe du fila-ment, les cristaux adhérant à la surface de la goutte. En réglant la distance par rapport à la plaque, le goudron est lentement séché et le bouton devient solide. Je trempe alors une nouvelle fois le bouton dans le goudron et je le remets en place sur une plaque jusqu'à ce que le goudron s'évapore, ne laissant qu'une masse dure qui lie fer-mement les cristaux. Lorsqu'un bouton plus grand est nécessaire, je répète le processus plusieurs fois et, en général, je recouvre également le filament d'une certaine distance sous le bouton avec des cristaux. Le bouton étant monté dans une ampoule, lorsqu'un bon vide a été créé, on fait d'abord passer une décharge faible puis une décharge forte à travers l'ampoule pour carboniser le goudron et expulser tous les gaz, et plus tard on le porte à une incandescence très intense.

Lorsque la poudre est utilisée, il s'avère qu'il était préférable de procéder comme suit : je fais une peinture épaisse de carborundum et de goudron, et je fais passer un filament de lampe à travers la peinture. J'enlève ensuite la plus grande partie de la peinture en frottant le filament contre un morceau de peau de chamois, je le tiens au-dessus d'une plaque chauffante jusqu'à ce que le goudron s'évapore et que le revêtement devienne ferme. Je répète ce processus autant de fois qu'il est nécessaire pour obtenir une certaine épaisseur de revêtement. Sur la pointe du filament enduit, je façonne un bouton de la même manière. Il ne fait aucun doute qu'un tel bouton – bien préparé sous une grande pression – de carborundum, surtout de poudre de la meilleure qualité, résistera pleinement à l'effet du bombardement ainsi qu'à tout ce que nous savons. La difficulté est que le liant cède et que le carborundum se détache lentement au bout d'un certain temps. Comme il ne semble pas du tout noircir le globe, il pourrait être utile pour revêtir les filaments des lampes à incandescence ordinaires, et je pense qu'il est même possible de produire de fins fils ou bâtonnets de carborundum qui remplaceront les filaments ordinaires d'une lampe à incandescence.

Un revêtement de carborundum semble être plus durable que les autres revêtements, non seulement parce que le carborundum peut résister à des degrés de chaleur élevés, mais aussi parce qu'il semble se combiner avec le carbone, mieux que tout autre matériau que j'ai essayé. Un revêtement de zircone ou de tout autre oxyde, par exemple, est beaucoup plus rapidement détruit. J'ai préparé des boutons en poussière de diamant de la même manière que ceux en carborundum, et ceux-ci ont une durabilité plus proche de ceux préparés en carborundum, mais la pâte de liaison a cédé beaucoup plus rapidement dans les boutons en diamant : ceci, cependant, est attribué à la taille et à l'irrégularité des grains du diamant. Il était intéressant de savoir si le carborundum possède la qualité de la phosphorescence. On est bien sûr prêt à rencontrer deux difficultés : premièrement, en ce qui concerne le produit brut, les « cristaux », ils sont bons conducteurs, et c'est un fait que les conducteurs ne phosphorent pas ; deuxièmement, la poudre, étant extrêmement fine, ne serait pas apte à présenter très nettement cette qualité, car on sait que lorsque les cristaux, même tels que le diamant ou le rubis, sont réduits en poudre fine, ils perdent considérablement la propriété de phosphorescence. La question qui se pose ici est la suivante : un conducteur peut-il être phosphorescent ? Qu'y a-t-il dans un tel corps comme un métal, par exemple, qui le priverait de la qualité de la phosphorescence, à moins que ce ne soit cette propriété qui le caractérise comme conducteur ?

Car c'est un fait que la plupart des corps phosphorescents perdent cette qualité lorsqu'ils sont suffisamment chauffés pour devenir plus ou moins conducteurs. Alors, si un métal est dans une large mesure, ou peut-être entièrement, privé de cette propriété, il devrait être capable de phosphorescence. Il est donc tout à fait possible qu'à une fréquence extrêmement élevée, lorsqu'il se comporte pratiquement comme un non-conducteur, un métal ou tout autre conducteur puisse présenter la qualité de phosphorescence, même s'il est totalement incapable de phosphorescence sous l'impact d'une décharge à basse fréquence. Il existe cependant une autre façon de procéder pour qu'un conducteur semble au moins phosphorescent. Des doutes considérables subsistent quant à la véritable nature de la phosphorescence et quant à savoir si les différents phénomènes compris sous cette rubrique sont dus aux mêmes causes. Supposons que dans une ampoule épuisée, sous l'impact moléculaire, la surface d'un morceau de métal ou d'un autre conducteur soit rendue fortement lumineuse, mais qu'en même temps on constate qu'elle reste relativement froide, cette luminosité ne serait-elle pas qualifiée de phosphorescence ? Un tel résultat est maintenant possible, du moins théoriquement, car il s'agit d'une simple question de potentiel ou de vitesse. Supposons que le potentiel de l'électrode, et par conséquent la vitesse des atomes projetés, soit suffisamment élevé, la surface de la pièce métallique contre laquelle les atomes sont projetés serait rendue hautement incandescente, puisque le processus de génération de chaleur serait incomparablement plus rapide que celui de rayonnement ou de conduction à partir de la surface de la collision. Aux yeux de l'observateur, un seul impact des atomes provoquerait un éclair instantané, mais si les impacts étaient répétés avec une rapidité suffisante, ils produiraient une impression continue sur sa rétine.

Pour lui, la surface du métal apparaîtrait alors continuellement incandescente et d'intensité lumineuse constante, alors qu'en réalité, la lumière serait soit intermittente, soit au moins d'une intensité changeante périodiquement. La pièce de métal s'élèverait en température jusqu'à ce que l'équilibre soit atteint, c'est-à-dire jusqu'à ce que l'énergie rayonnée en continu soit égale à celle fournie par intermittence. Mais dans de telles conditions, l'énergie fournie pourrait ne pas suffire à amener le corps à une température moyenne très modérée, surtout si la fréquence des impacts atomiques est très faible, au point que la fluctuation de l'intensité de la lumière émise ne pourrait pas être détectée par l'œil. Le corps émettrait alors, en raison de la manière dont l'énergie est fournie, une forte lumière, tout en étant à une température moyenne comparativement très basse. Comment l'observateur pourrait-il qualifier la luminosité ainsi produite ? Même si l'analyse de la lumière lui procurait une réponse précise, il la classerait probablement parmi les phénomènes de phosphorescence. Il est concevable que de cette manière, les corps conducteurs et non conducteurs puissent être maintenus à une certaine intensité lumineuse, mais l'énergie nécessaire varierait très fortement en fonction de la nature et des propriétés des corps. Ces remarques et certaines autres de nature spéculative ont été faites simplement pour faire ressortir les curieuses caractéristiques des courants alternatifs ou des impulsions électriques.

Grâce à ces impulsions, nous pouvons faire en sorte qu'un corps émette plus de lumière, à une certaine température moyenne, qu'il n'en émettrait s'il était porté à cette température par un apport constant ; et, là encore, nous pouvons amener un corps au point de fusion et lui faire émettre *moins* de lumière que lorsqu'il est fusionné par l'application d'énergie de manière ordinaire. Tout dépend de la manière dont nous fournissons l'énergie et du type de vibrations que nous créons : dans un cas, les vibrations sont plus ou moins adaptées pour affecter notre sens de la vue.

Certains effets, que je n'avais pas observés auparavant, obtenus avec le carborundum dans les premiers essais, furent attribués à la phosphorescence, mais dans les expériences ultérieures, il est apparu qu'elles étaient dépourvues de cette qualité. Les cristaux possèdent une caractéristique remarquable. Dans une ampoule munie d'une seule électrode en forme de petit disque métallique circulaire, par exemple, à un certain degré d'épuisement, l'électrode est recouverte d'un film laiteux, qui est séparé par un espace sombre de la lueur qui remplit l'ampoule. Lorsque le disque métallique est recouvert de cristaux de carborundum, le film est beaucoup plus intense et d'un blanc semblable à de la neige. J'ai découvert par la suite que cela n'était qu'un effet de la surface brillante des cristaux, car lorsqu'une électrode en aluminium était très polie, elle présentait plus ou moins le même phénomène. J'ai fait un certain nombre d'expériences avec les échantillons de cristaux obtenus, principalement parce qu'il aurait été particulièrement intéressant de découvrir qu'ils sont capables de phosphorescence, du fait de leur conductivité. Je n'ai pas pu produire de phosphorescence de manière distincte, mais je dois faire remarquer qu'une opinion décisive ne peut être formée tant que d'autres expérimentateurs n'ont pas fait le même travail. La poudre s'est comportée dans certaines expériences comme si elle contenait de l'alumine, mais elle n'a pas montré avec suffisamment de distinction le rouge de cette dernière. Sa couleur brun-roux s'éclaircit considérablement sous l'impact moléculaire, mais je suis maintenant convaincu qu'elle n'émette pas de lumière.

Néanmoins, les tests effectués avec la poudre ne sont pas concluants, car le carborundum en poudre ne se comporte probablement pas comme un sulfure phosphorescent, par exemple, qui pourrait être finement pulvérisé sans altérer la phosphorescence, mais plutôt comme un rubis ou un diamant en poudre, et il faudrait donc, pour effectuer un test décisif, l'obtenir en gros morceaux et polir la surface. Si le carborundum s'avère utile dans le cadre de ces expériences et d'autres expériences similaires, sa principale valeur sera trouvée dans la production de revêtements, de conducteurs fins, de boutons ou d'autres électrodes capables de résister à des degrés de chaleur extrêmement élevés. La production d'une petite électrode capable de résister à des températures énormes me paraît de la plus haute importance dans la fabrication de la lumière. Elle nous permettrait d'obtenir, au moyen de courants de très haute fréquence, certainement 30 fois, voire plus, la quantité de lumière qui est obtenue dans la lampe à incandescence actuelle par la même dépense d'énergie. Cette estimation peut paraître à beaucoup exagérée, mais en réalité, je pense qu'elle est loin de l'être. Comme cette affirmation pourrait être mal comprise, je pense qu'il est nécessaire d'exposer clairement le problème auquel nous sommes confrontés dans ce domaine et la manière dont, à mon avis, une solution sera trouvée. Quiconque commence une étude du problème sera enclin à penser que ce que l'on veut dans une lampe avec une électrode est un très haut degré d'incandescence de l'électrode. Dans ce cas, il se trompera. La forte incandescence du bouton est un mal nécessaire, mais ce que l'on veut vraiment, c'est la forte incandescence du gaz entourant le bouton.

En d'autres termes, le problème dans une telle lampe est d'amener une masse de gaz à la plus haute incandescence possible. Plus l'incandescence est élevée, plus la vibration moyenne est rapide, plus l'économie de la production de lumière est importante. Mais pour maintenir une masse de gaz à un haut degré d'incandescence dans un récipient en verre, il sera toujours nécessaire de maintenir la masse incandescente à l'écart du verre, c'est-à-dire de la confiner autant que possible à la partie centrale du globe.

Dans l'une des expériences menées lors de cette nuit, un éclat se produisit au bout d'un fil. Cet éclat était une flamme, une source de chaleur et de lumière. Il n'émettait pas beaucoup de chaleur perceptible ni ne brillait d'une lumière intense ; mais est-elle d'autant moins enflammée qu'elle ne me brûle pas la main ? Mais est-il moins enflammé parce qu'il n'abîme pas mon œil par sa brillance ? Le problème est précisément de produire dans l'ampoule une telle flamme, beaucoup plus petite en taille, mais incomparablement plus puissante. Si l'on disposait de moyens pour produire des impulsions électriques d'une fréquence suffisamment élevée, et pour les transmettre, on pourrait se passer de l'ampoule, à moins de l'utiliser pour protéger l'électrode, ou pour économiser l'énergie en confinant la chaleur. Mais comme ces moyens ne sont pas disponibles, il devient nécessaire de placer la borne dans une ampoule et de raréfier l'air dans celle-ci. Ceci est fait simplement pour permettre à l'appareil d'effectuer le travail qu'il n'est pas capable de faire à la pression atmosphérique ordinaire. Dans l'ampoule, nous pouvons intensifier l'action à n'importe quel degré, jusqu'à ce que l'éclat émette une lumière puissante.

L'intensité de la lumière émise dépend principalement de la fréquence et du potentiel des impulsions, ainsi que de la densité électrique à la surface de l'électrode. Il est de la plus haute importance d'utiliser le plus petit bouton possible, afin de pousser la densité très loin. Sous l'impact violent des molécules du gaz qui l'entourent, la petite électrode est bien sûr portée à une température extrêmement élevée, mais autour d'elle se trouve une masse de gaz très incandescent, une photosphère de flamme, dont le volume fait plusieurs centaines de fois celui de l'électrode. Avec un bouton en diamant, en carborundum ou en zircon, la photosphère peut atteindre jusqu'à mille fois le volume du bouton. Sans trop réfléchir, on pourrait penser qu'en poussant si loin l'incandescence de l'électrode, celle-ci se volatiliserait instantanément. Mais après mûre réflexion, on constaterait que, théoriquement, cela ne devrait pas se produire, et de ce fait (qui est toutefois démontré expérimentalement) que cela repose principalement sur la valeur future d'une telle lampe.

Au début, lorsque le bombardement commence, la majeure partie du travail est effectuée à la surface du bouton, mais lorsqu'une photosphère hautement conductrice se forme, le bouton est relativement moins sollicité. Plus l'incandescence de la photosphère est élevée, plus sa conductivité se rapproche de celle de l'électrode, et par conséquent, plus le solide et le gaz forment un seul corps conducteur. La conséquence est que plus l'incandescence est forcée, plus le gaz est travaillé, et moins l'électrode est sollicitée. La formation d'une photosphère puissante est donc le moyen même de protéger l'électrode.

Bien sûr, cette protection est relative et il ne faut pas penser qu'en favorisant l'incandescence, l'électrode est en fait moins détériorée. En théorie, avec des fréquences extrêmes, ce résultat doit néanmoins être atteint, mais probablement à une température trop élevée pour la plupart des corps réfractaires connus. Étant donné, donc, qu'une électrode peut résister à une limite très élevée de l'effet du bombardement et de la contrainte extérieure, elle serait sûre, quelle que soit la force qu'elle exerce au-delà de cette limite. Dans une lampe à incandescence, des considérations bien différentes s'appliquent. Là, il n'est plus question du gaz : l'ensemble du travail est effectué sur le filament ; et la durée de vie de la lampe diminue si rapidement avec l'augmentation du degré d'incandescence que des raisons économiques nous obligent à la travailler à une faible incandescence. Mais si une lampe à incandescence fonctionne avec des courants à très haute fréquence, l'action du gaz ne peut être négligée et les règles de fonctionnement les plus économiques doivent être considérablement modifiées.

Pour qu'une telle lampe à une ou deux électrodes atteigne une grande perfection, il est nécessaire d'utiliser des impulsions à très haute fréquence. La haute fréquence assure, entre autres, deux avantages principaux, qui ont un impact très important sur l'économie de la production de lumière. Premièrement, la détérioration de l'électrode est réduite du fait que nous utilisons un grand nombre de petits impacts, au lieu de quelques impacts violents, qui brisent rapidement la structure ; deuxièmement, la formation d'une grande photosphère est facilitée.

Afin de réduire autant que possible la détérioration de l'électrode, il est préférable que la vibration soit uniforme, car toute soudaineté accélère le processus de destruction. Une électrode dure beaucoup plus longtemps lorsqu'elle est maintenue à incandescence par des courants, ou des impulsions, obtenus à partir d'un alternateur à haute fréquence, qui montent et descendent plus ou moins harmonieusement, que par des impulsions obtenues à partir d'une bobine de décharge disruptive. Dans ce cas-là, il ne fait aucun doute que la plupart des dommages sont causés par les décharges soudaines fondamentales.

L'un des éléments de détérioration dans une telle lampe est le bombardement du globe. Comme le potentiel est très élevé, les molécules sont projetées à grande vitesse ; elles frappent le verre, et excitent généralement une forte phosphorescence. L'effet produit est très joli, mais pour des raisons économiques, il serait peut-être préférable d'éviter, ou du moins de réduire au minimum, le bombardement contre le globe, car dans ce cas, en principe, le but n'est pas d'exciter la phosphorescence, le bombardement entraînant une certaine perte d'énergie. Cette perte dans l'ampoule dépend principalement du potentiel des impulsions et de la densité électrique à la surface de l'électrode. En utilisant des fréquences très élevées, la perte d'énergie due au bombardement est fortement réduite, car, premièrement, le potentiel nécessaire pour réaliser une quantité donnée de travail est beaucoup plus faible ; et, deuxièmement, en produisant une photosphère hautement conductrice autour de l'électrode, on obtient le même résultat que si l'électrode était beaucoup plus grande, ce qui équivaut à une densité électrique plus faible.

Mais que ce soit par la diminution du potentiel maximum ou de la densité, le gain s'effectue de la même manière, à savoir en évitant les chocs violents, qui sollicitent le verre bien au-delà de sa limite d'élasticité.

Si la fréquence pouvait être portée à un niveau suffisamment élevé, la perte due à l'élasticité imparfaite du verre serait tout à fait négligeable. La perte due au bombardement du globe peut cependant être réduite en utilisant deux électrodes au lieu d'une. Dans ce cas, chacune des électrodes peut être connectée à l'une des bornes ; ou bien, s'il est préférable de n'utiliser qu'un seul fil, une électrode peut être connectée à une borne et l'autre à la terre ou à un corps isolé d'une certaine surface, comme, par exemple un abat-jour sur la lampe. Dans ce cas précis, à moins que l'on ne fasse preuve de discernement, l'une des électrodes peut briller plus intensément que l'autre.

Mais dans l'ensemble, je trouve préférable, lorsque l'on utilise des fréquences aussi élevées, de n'utiliser qu'une seule électrode et un seul fil de connexion. Je suis convaincu que le dispositif d'éclairage du futur n'aura pas besoin de plus d'un fil pour fonctionner, et, en tout cas, il n'aura pas de fil d'entrée, puisque l'énergie requise peut aussi bien être transmise à travers le verre. Dans les ampoules expérimentales, le fil d'alimentation est le plus souvent utilisé pour des raisons de commodité, comme l'utilisation de revêtements de condensateur, de la manière indiquée à la figure 22, par exemple, il est difficile d'ajuster les pièces, mais ces difficultés n'existeraient pas si l'on fabriquait un grand nombre d'ampoules ; sinon, l'énergie peut être transmise aussi bien à travers le verre qu'à travers un fil, et avec ces hautes fréquences, les pertes sont très faibles. De tels dispositifs d'éclairage impliquent nécessairement l'utilisation de potentiels très élevés, ce qui pourrait être répréhensible aux yeux de quelqu'un de pratique.

Pourtant, en réalité, les potentiels élevés ne sont pas répréhensibles ; encore moins en ce qui concerne la sécurité des appareils.

Il y a deux façons de rendre un appareil électrique sûr. L'une consiste à utiliser des potentiels faibles, l'autre à déterminer les dimensions de l'appareil de manière à ce qu'il soit sûr, quelle que soit la valeur du potentiel utilisé. Des deux, c'est la dernière qui me semble la plus efficace, car la sécurité est alors absolue, insensible à toute combinaison possible de circonstances qui pourraient rendre un appareil, même à faible potentiel, dangereux pour la vie et les objets environnants. Mais les conditions pratiques nécessitent non seulement une détermination judicieuse des dimensions de l'appareil, mais aussi l'utilisation d'une énergie appropriée. Il est facile, par exemple, de construire un transformateur capable de fournir, disons, 50 000 volts, lorsqu'il est actionné à partir d'une simple machine à courant alternatif de basse tension, ce qui pourrait être nécessaire pour allumer un tube phosphorescent très usé, afin d'être parfaitement sûr que, malgré le potentiel élevé, le choc de celui-ci ne produise aucun désagrément. Néanmoins, un tel transformateur serait coûteux, et en soi inefficace ; et, de plus, l'énergie qu'on en tirerait ne serait pas utilisée de manière économique pour la production de lumière. L'économie exige l'utilisation d'énergie sous forme de vibrations extrêmement rapides. Le problème de la production de lumière a été comparé à celui du maintien d'une certaine note aiguë au moyen d'une cloche. Ou faudrait-il dire, une note *quasiment inaudible* ; et même ces mots ne suffiraient pas à l'exprimer, tant la sensibilité de l'œil est exceptionnelle.

Nous pouvons donner des coups puissants à de longs intervalles, gaspiller beaucoup d'énergie et ne pas obtenir ce que nous voulons ; ou bien nous pouvons maintenir la note en donnant fréquemment de légers petits coups et nous rapprocher du but en dépensant beaucoup moins d'énergie. En ce qui concerne la production de la lumière, et surtout le dispositif d'éclairage, il ne peut y avoir qu'une seule règle, à savoir, utiliser les fréquences les plus élevées possibles ; mais les moyens de production et de transmission des impulsions de ce type imposent, du moins à l'heure actuelle, de grandes limites. Une fois qu'il est décidé d'utiliser des fréquences très élevées, le fil de retour devient inutile, et tous les appareils sont simplifiés. En utilisant des moyens évidents, on obtient le même résultat que si l'on utilisait le fil de retour. Pour ce faire, il suffit de mettre en contact avec l'ampoule, ou simplement à proximité de celle-ci, un corps isolé d'une certaine surface. Bien entendu, la surface doit être d'autant plus petite que la fréquence et le potentiel utilisés sont élevés, et nécessairement, également, d'autant plus économique que la lampe ou l'autre dispositif est économique.

Ce plan de travail a été utilisé à plusieurs reprises ce soir. Ainsi, par exemple, lorsque l'incandescence d'un bouton a été produite en saisissant l'ampoule avec la main, le corps de l'expérimentateur a simplement servi à intensifier l'action. L'ampoule utilisée était similaire à celle illustrée à la figure 19, et la bobine était excitée à un petit potentiel, insuffisant pour amener le bouton à l'incandescence lorsque l'ampoule était suspendue au fil ; par ailleurs, afin de réaliser l'ex-

périence d'une manière plus pertinente, le bouton était plus conséquent, de sorte qu'un temps perceptible devait s'écouler avant qu'on
puisse rendre l'ampoule incandescente en la saisissant. Le contact
avec l'ampoule était évidemment tout à fait inutile.

Il est facile, en utilisant une ampoule plutôt large avec une électrode
extrêmement petite, d'ajuster les conditions de sorte que celle-ci soit
amenée à une incandescence brillante, par la simple approche de l'expérimentateur à quelques mètres de l'ampoule, incandescence qui
s'atténue lorsqu'il recule.

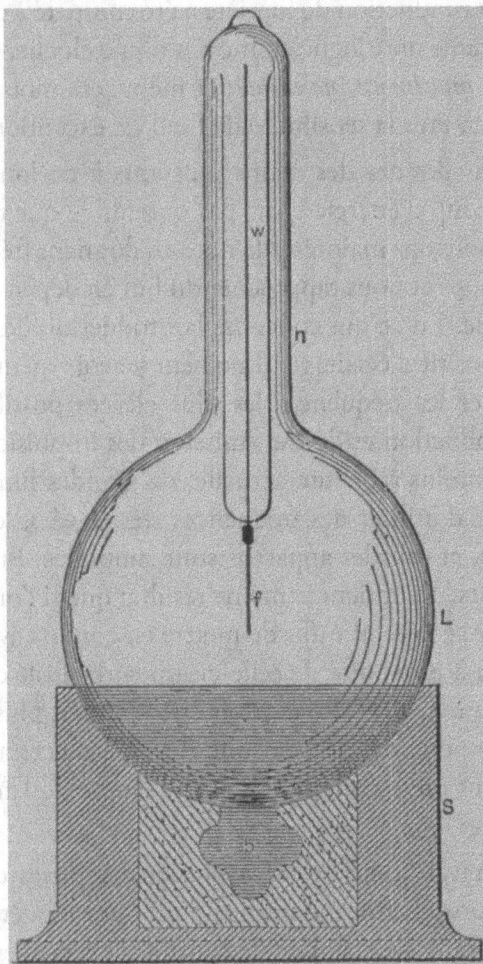

Fig. 24 – Ampoule sans fil d'entrée, montrant l'effet de la matière projetée.

Dans une autre expérience, lorsque la phosphorescence était excitée,
une ampoule similaire était utilisée. Là aussi, à l'origine, le potentiel

n'était pas suffisant pour exciter la phosphorescence jusqu'à ce que l'action soit intensifiée, dans ce cas, cependant, pour présenter une différente caractéristique, en touchant la douille avec un objet métallique dans la main. L'électrode de l'ampoule était un bouton en carbone si grand qu'elle ne pouvait être amenée à l'incandescence et donc, altérer l'effet produit par la phosphorescence. Là encore, dans une autre des premières expériences, une ampoule était utilisée comme illustrée à la figure 13. Dans ce cas, en touchant l'ampoule avec un ou deux doigts, une ou deux ombres de la tige intérieure étaient projetées contre le verre, le toucher du doigt produisant le même résultat qu'en utilisant une électrode négative externe dans des circonstances ordinaires.

Dans toutes ces expériences, l'action était intensifiée en augmentant la capacité à l'extrémité du fil connecté à la borne. En règle générale, il n'est pas nécessaire de recourir à de tels moyens, et cela serait tout à fait inutile avec des fréquences encore plus élevées ; mais au moment voulu, l'ampoule, ou le tube, peut facilement être adapté à cette fin.

La figure 24, par exemple, montre une ampoule expérimentale *L*, munie d'une base *n* au sommet pour l'application d'un revêtement externe en aluminium, qui pourrait être connecté à un corps d'une surface plus large. Une telle lampe comme illustrée à la figure 25, peut également être allumée en connectant le revêtement en aluminium de la base *n* à la borne, et le fil d'entrée *w* à une plaque isolée.

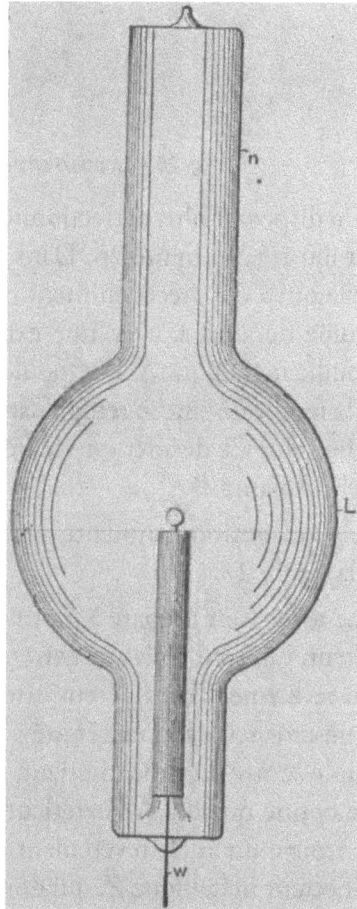

Fig. 25 – Ampoule
expérimentale améliorée.

Si l'ampoule est placée dans une douille verticale, comme le montre la découpe du schéma, un abat-jour en matériau conducteur peut être inséré dans la base *n*, amplifiant ainsi l'action.

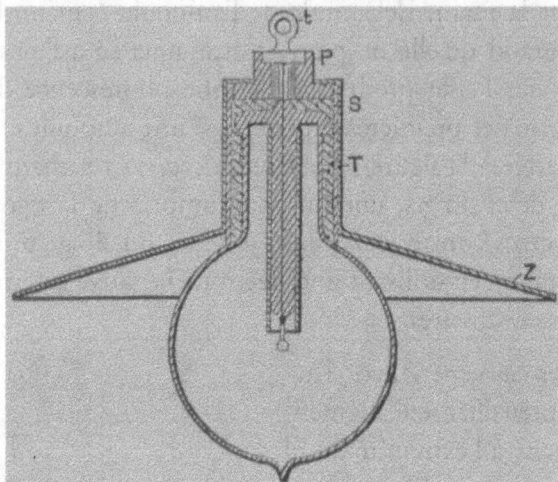

Fig. 26 – Ampoule améliorée avec réflecteur intensifiant.

Un dispositif plus perfectionné utilisé dans certaines de ces ampoules est illustré à la figure 26. Dans ce cas, la conception de l'ampoule est celle qui a été précédemment montrée et décrite, à la figure 19. Une feuille de zinc *z*, avec une extension tubulaire *T*, est placée sur la douille métallique *S*. L'ampoule est suspendue vers le bas par la borne *t*, la feuille de zinc *Z* remplissant le double rôle d'intensificateur et de réflecteur. Ce dernier est séparé de la borne *t* par une extension de la fiche isolante *P*.

Une disposition similaire avec un tube phosphorescent est illustrée à la figure 27.

Le tube *T* est préparé à partir de deux tubes courts de diamètre différent, qui sont fixés aux extrémités. À l'extrémité inférieure est placé un revêtement conducteur extérieur *C*, raccordé au fil *w*. Ce dernier a un crochet à son extrémité supérieure pour la suspension, et passe par le centre du tube intérieur, qui est rempli d'un isolant compact et de bonne qualité. À l'extérieur de l'extrémité supérieure du tube *T*, se trouve un autre revêtement conducteur *C*, sur lequel est placé un réflecteur métallique *Z*, qui doit être séparé de l'extrémité du fil *w* par une épaisse couche isolante.

L'utilisation économique d'un tel réflecteur ou intensificateur nécessiterait que toute l'énergie fournie à un condensateur à air soit récupérable, ou, en d'autres termes, qu'il n'y ait pas de pertes, ni dans le milieu gazeux ni par son action ailleurs. C'est loin d'être le cas, mais, heureusement, les pertes peuvent être réduites jusqu'à un niveau souhaité. Quelques remarques s'imposent à ce sujet, afin de rendre parfaitement claires les expériences que ces enquêtes ont permis de recueillir.

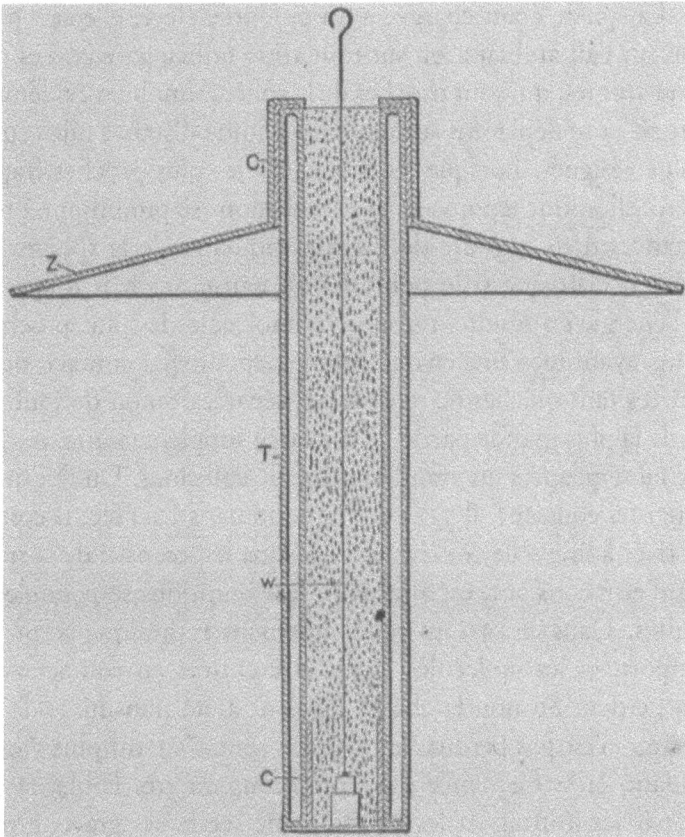

Fig. 27 – Tube phosphorescent avec réflecteur intensifiant.

Supposons qu'une petite hélice avec de nombreuses spires correctement isolées, comme dans l'expérience de la figure 17, ait une de ses extrémités connectée à l'une des bornes de la bobine d'induction, et l'autre à une plaque métallique, ou, pour simplifier, une sphère isolée dans l'espace. Lorsque la bobine est mise en marche, le potentiel de la sphère est alternatif, et la petite hélice réagit maintenant comme si son extrémité libre était connectée à l'autre borne de la bobine d'induction. Si une tige de fer est maintenue à l'intérieur de la petite hélice, elle est rapidement portée à une température élevée, indiquant le passage d'un fort courant à travers l'hélice. Comment la sphère isolée agit-elle dans ce cas?

Il peut s'agir d'un condensateur, conservant et renvoyant l'énergie qui lui est fournie, ou d'un simple dissipateur d'énergie, et les conditions de l'expérience déterminent s'il s'agit plutôt de l'un ou de l'autre. La sphère étant chargée à un potentiel élevé, elle agit par induction sur l'air ambiant, ou sur tout autre milieu gazeux. Les molécules, ou atomes, qui sont proches de la sphère sont bien évidemment plus attirés et se déplacent sur une plus grande distance que ceux qui sont plus éloignés. Lorsque les molécules les plus proches frappent la sphère, elles sont repoussées et les collisions se produisent à toutes les distances dans le cadre de l'action inductive de la sphère. Il est maintenant clair que si le potentiel est constant, mais que peu de perte d'énergie en résulte, puisque les molécules les plus proches de la sphère, ayant reçu une charge supplémentaire par contact, ne sont pas attirées tant qu'elles ne se sont pas séparées, sinon de toutes, du moins de la plus grande partie de la charge supplémentaire, ce qui ne peut se faire qu'après un grand nombre de collisions. Du fait qu'avec un potentiel constant, il y a peu de perte dans l'air sec, il convient d'en arriver à une telle conclusion. Lorsque le potentiel de la sphère, au lieu d'être constant, est alternatif, les conditions sont totalement différentes. Dans ce cas, un bombardement rythmique se produit, peu importe si les molécules, après être entrées en contact avec la sphère, perdent ou non la charge qui leur a été transmise; de plus, si la charge n'est pas perdue, les impacts sont d'autant plus violents. Cependant, si la fréquence des impulsions est très faible, la perte causée par les impacts et les collisions ne serait pas grave, à moins que le potentiel ne soit excessif. Mais lorsque des fréquences extrêmement élevées et des potentiels plus ou moins élevés sont utilisés, la perte peut être vraiment conséquente. L'énergie totale perdue par unité de temps est proportionnelle au produit du nombre d'impacts par seconde, ou de la fréquence et de l'énergie perdue pour chaque impact. Mais l'énergie d'un impact doit être proportionnelle au carré de la densité électrique de la sphère, puisque la charge transmise à la molécule doit être proportionnelle à cette densité. J'en conclus donc que l'énergie totale perdue doit être proportionnelle au produit de la fréquence et au carré de la densité électrique; mais cette loi doit être confirmée expérimentalement. En supposant que ces précédentes considérations soient vraies, en alternant rapidement le potentiel d'un corps immergé dans un milieu gazeux isolant, toute quantité d'énergie peut être dissipée dans l'espace. Je crois que la plus grande partie de cette énergie n'est donc pas dissipée sous forme de longues ondes d'éther, propagées à une distance considérable, comme on le pense généralement, mais qu'elle est consommée (dans le cas d'une sphère isolée, par exemple), par les pertes dues aux impacts et aux collisions (vibrations thermiques) à la surface et à proximité de la sphère. Pour réduire la dissipation, il est nécessaire de travailler avec une faible densité électrique: plus elle est faible, plus la fréquence, elle, est élevée.

Mais comme, dans l'hypothèse précédente, la perte est diminuée avec le carré de la densité, et comme les courants à très hautes fréquences impliquent une perte considérable lorsqu'ils sont transmis par des conducteurs, il s'ensuit que, dans l'ensemble, il vaut mieux employer un fil plutôt que deux. Par conséquent, si l'on met au point des moteurs, des lampes ou des appareils de toute sorte, capables de fonctionner de manière avantageuse avec des courants à très haute fréquence, il sera conseillé d'utiliser un seul fil, notamment pour des raisons économiques, surtout si les distances sont grandes.

Lorsque l'énergie est absorbée dans un condensateur, elle agit comme si sa capacité était augmentée. L'absorption existe toujours plus ou moins, mais généralement, elle est faible et insignifiante tant que les fréquences ne sont pas très élevées. En utilisant des fréquences extrêmement élevées, ainsi que, nécessairement dans ce cas, des potentiels élevés, l'absorption (ou, ce que l'on entend ici plus particulièrement par ce terme, la perte d'énergie due à la présence d'un milieu gazeux) est un facteur important à prendre en compte, car l'énergie absorbée dans le condensateur à air peut être une fraction infime de l'énergie fournie. Il semble donc très difficile de déterminer, à partir de la capacité mesurée ou calculée d'un condensateur à air, sa capacité réelle ou sa période de vibration, surtout si la surface du condensateur est très petite et est chargée à un potentiel très élevé. Comme de nombreux résultats importants dépendent de l'exactitude de l'estimation de la période de vibration, ce sujet exige un examen des plus minutieux des autres chercheurs. Pour réduire au maximum le risque d'erreur dans les expériences du genre auxquelles il est fait référence, il est conseillé d'utiliser des sphères ou des plaques à large surface, de manière à rendre la densité excessivement faible. Sinon, lorsque cela est possible, il convient d'utiliser un condensateur à huile. Dans les diélectriques à huile ou autre liquide, il ne semble pas y avoir de pertes comme dans les milieux gazeux. Il est impossible d'exclure entièrement le gaz dans les condensateurs avec des diélectriques solides, c'est pourquoi ces condensateurs doivent être immergés dans l'huile, ne serait-ce que pour des raisons économiques; ils peuvent alors être soumis à une tension maximale en restant froids. Dans des bouteilles de Leyde, la perte causée par l'air est relativement faible, car les revêtements en feuille d'aluminium sont larges, proches les uns des autres et les surfaces chargées ne sont pas directement exposées; mais lorsque le potentiel est très haut, la perte peut être plus ou moins considérable au niveau de, ou à proximité de la partie supérieure de la feuille d'aluminium, où l'air est principalement sollicité. Si la bouteille est plongée dans de l'huile bouillante, elle sera alors en mesure d'effectuer quatre fois la quantité de travail et ce pendant toute la durée de son utilisation habituelle, ainsi la perte sera imperceptible.

Il ne faut pas croire que la perte de chaleur dans un condensateur à air est nécessairement associée à la formation de courants ou de brosses visibles. Si une petite électrode, inclinée dans une ampoule non usée, est reliée à l'une des bornes de la bobine, nous pouvons voir des flux jaillir de l'électrode, et l'air dans l'ampoule est chauffé; si, au lieu d'une petite électrode, une sphère large est inclinée dans l'ampoule, aucun flux ne sera observé, mais l'air est quand même chauffé.

De la même manière qu'il ne faut pas croire que la température d'un condensateur à air donne une idée approximative de la perte de chaleur subie. Auquel cas, la chaleur doit être dégagée beaucoup plus rapidement, puisqu'en plus d'un rayonnement habituel, est en cours un transport très actif de la chaleur par des porteurs indépendants, et que non seulement l'appareil, mais aussi l'air à une certaine distance de celui-ci est chauffé à cause des collisions qui doivent se produire.

Pour cette raison, lors d'expériences avec une bobine de ce type, une hausse de température peut être distinctement observée seulement lorsque le corps connecté à la bobine est très petit. Mais avec un appareil plus conséquent, même un corps très volumineux serait chauffé, comme par exemple, le corps d'une personne. Je pense que des physiciens expérimentés pourraient émettre des observations utiles à ce type d'expériences, qui, si l'appareil était judicieusement conçu, ne présenteraient pas le moindre danger.

Une question très intéressante, surtout pour les météorologistes, se pose ici. Comment la Terre se comporte-t-elle ? La Terre est un condensateur à air ; mais est-elle parfaite en tant que dissipateur d'énergie, ou est-elle au contraire, très imparfaite ? Il ne fait aucun doute qu'en cas de perturbation aussi minime que celle qui pourrait être causée par une expérience, la terre se comporte comme un condensateur presque parfait. Mais cela pourrait être différent lorsque sa charge est mise en vibration par une perturbation soudaine se produisant dans le ciel. Dans ce cas-là, comme nous l'avons déjà dit, il est probable que seulement une petite partie de l'énergie émanant des vibrations mises en place soit perdue dans l'espace sous forme de longs rayonnements d'éther. Je pense cependant que la plus grande partie de l'énergie se dépenserait en impacts et en collisions moléculaires et se propagerait dans l'espace sous forme de courtes chaleurs, et possiblement de légères ondes. Comme la fréquence des vibrations de la charge ainsi que le potentiel sont vraisemblablement excessifs, l'énergie convertie en chaleur peut être considérable. Dans la mesure où la densité doit être répartie de manière inégale, soit en raison de l'irrégularité de la surface terrestre, soit en raison de l'état de l'atmosphère à divers endroits, l'effet produit varierait en conséquence, d'un endroit à un autre. De cette manière, des variations considérables de la température et de la pression de l'atmosphère peuvent être provoquées en tout point de la surface de la Terre. Les variations peuvent être graduelles ou très soudaines, selon la nature de la perturbation générale, et peuvent produire pluies et orages, ou à échelle locale, modifier le temps de quelque manière que ce soit.

D'après les remarques précédemment faites, on peut voir quel facteur important de perte l'air à proximité d'une surface chargée devient lorsque la densité électrique est grande et la fréquence des impulsions est excessive. Mais l'action telle qu'elle est expliquée, implique que l'air est isolant, c'est-à-dire, qu'il est composé de porteurs indépendants, immergés dans un milieu isolant. Ce n'est le cas seulement lorsque l'air est à une pression ordinaire ou supérieure, ou alors extrêmement faible. Lorsque l'air est légèrement raréfié et conducteur, alors de véritables pertes de conduction se produisent également. Bien sûr, dans ce genre de cas, une énergie considérable peut être dissipée dans l'espace même avec un potentiel constant, ou avec des impulsions à basse fréquence, si la densité est très grande.

Lorsque le gaz est à très basse pression, une électrode est davantage chauffée, car des vitesses plus élevées peuvent être atteintes. Si le gaz autour de l'électrode est fortement comprimé, les déplacements, et par conséquent les vitesses, sont très faibles, et l'échauffement est insignifiant. Mais, si dans ce genre de cas, la fréquence pouvait être suffisamment augmentée, l'électrode serait portée à une température élevée, tout comme si le gaz était à très basse pression; en fait, l'épuisement de l'ampoule n'est nécessaire seulement parce que nous ne pouvons pas produire (et possiblement, pas transporter) des courants de la fréquence requise.

Pour revenir au sujet des lampes à électrode, il est évidemment avantageux dans une telle lampe de contenir un maximum de la chaleur vers l'électrode en empêchant la circulation du gaz dans l'ampoule. Si l'on prend une très petite ampoule, elle contiendra mieux la chaleur par rapport à une grande ampoule, mais il se peut qu'elle n'ait pas une capacité suffisante pour fonctionner à partir d'une bobine, ou, si c'est le cas, que le verre devienne trop chaud. Un moyen simple pour contrer cela, consiste à utiliser un globe de la taille requise, mais de placer une petite ampoule, dont le diamètre est correctement estimé, sur le bouton réfractaire contenu dans ce globe. Ce dispositif est illustré à la figure 28. Le globe L est muni, dans ce cas-là, d'une large base n, permettant à la petite ampoule b de s'y glisser. Sinon, la construction est similaire à celle montrée à la figure 18, par exemple. La petite ampoule est soutenue, en terme de praticité, par la tige s, portant le petit bouton m. Il est séparé du tube d'aluminium a par plusieurs couches de mica M, afin d'éviter la fissuration de la base par l'échauffement rapide du tube d'aluminium lors d'une mise en marche soudaine du courant. L'intérieur de l'ampoule doit être aussi petite que possible lorsque l'on souhaite obtenir de la lumière seulement par incandescence de l'électrode. Si l'on souhaite produire une phosphorescence, l'ampoule doit être plus grande, autrement, elle aura tendance à trop s'échauffer, et la phosphorescence cessera. Dans cette disposition, seule la petite ampoule présente généralement une phosphorescence, dans la mesure où il n'y a pratiquement aucun bombardement contre le globe extérieur. Dans certaines de ces ampoules conçues comme à la figure 28, le petit tube était revêtu de peinture phosphorescente, de jolis effets en résultaient alors. Au lieu de rendre l'ampoule intérieure plus grande, afin d'éviter un échauffement excessif, elle remplit la fonction consistant à rendre l'électrode *m* plus grande. Dans ce cas, le bombardement est affaibli en raison de la densité électrique plus faible.

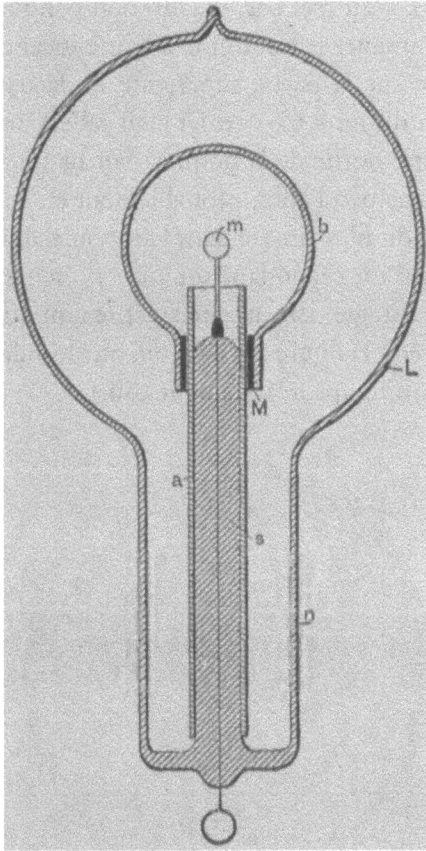

Fig. 28 – Lampe avec une ampoule auxiliaire pour contenir l'action au centre.

De nombreuses ampoules ont été conçues selon le schéma illustré à la figure 29. Ici, une petite ampoule *b*, muni du bouton réfractaire *m*, a été scellée après avoir été épuisée à un degré très élevé, dans un globe *L*, qui a ensuite été partiellement épuisé et scellé. Le principal avantage de cette conception était qu'elle permettait d'atteindre un vide extrêmement poussé, et en même temps, d'utiliser une ampoule plus grosse. Au cours de ces expériences avec des ampoules telles que celle illustrée à la figure 29, nous avons constaté qu'il était préférable de faire en sorte que la tige *s* à proximité du scellement *e* soit très épaisse et que le fil d'entrée *w* soit fin, car il arrivait parfois que la tige au niveau de *e* soit chauffée et que l'ampoule soit fissurée. Souvent, le globe extérieur *L* était épuisé, juste assez pour permettre le passage de la décharge, et l'espace entre les ampoules apparaissait cramoisi, produisant un effet assez étrange. Dans certains cas, lorsque l'épuisement du globe *L* était très bas, et l'air, bon conducteur, il s'avérait nécessaire, afin d'amener le bouton *m* à haute incandescence, de placer, de préférence sur la partie supérieure de la base du globe, un revêtement en aluminium. Ce dernier était relié à un corps isolé, à la terre ou à une autre borne de la bobine, l'air hautement conducteur affaiblissant quelque peu l'effet, probablement en étant actionné par induction à partir du fil *w*, inséré dans l'ampoule au niveau de *e*. Une autre difficulté, qui est cependant toujours présente lorsque le bouton réfractaire est intégré dans une très petite ampoule, existe dans la conception illustrée à la figure 29, à savoir, que le vide dans l'ampoule *b* serait altéré en un temps relativement court.

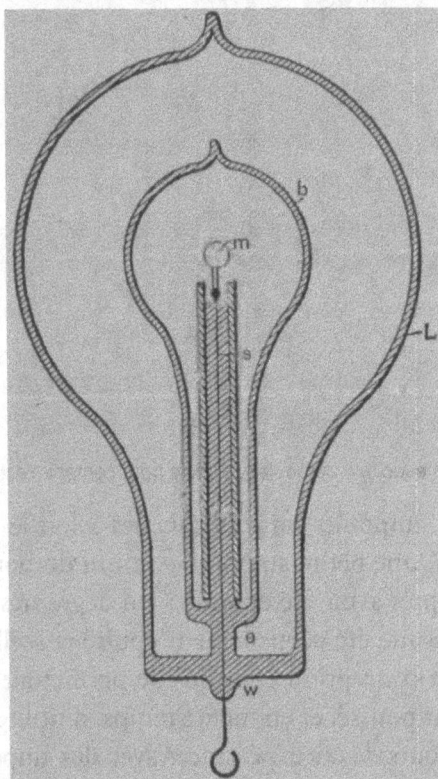

Fig. 29 – Lampe avec ampoule auxiliaire indépendante.

L'idée principale des deux dernières conceptions décrites était de contenir la chaleur vers la partie centrale du globe en empêchant l'échange d'air. Un bénéfice est assuré, mais en raison de l'échauffement de l'intérieur de l'ampoule et de la lente évaporation du verre, le vide est difficile à maintenir, même si la conception illustrée à la figure 28 est choisie, dans laquelle les deux ampoules communiquent.

Mais le meilleur moyen, et de loin, le moyen idéal, serait d'atteindre des fréquences suffisamment élevées. Plus élevée sera la fréquence, plus lent sera l'échange d'air, et je pense que l'on pourrait atteindre une fréquence à laquelle il n'y aurait aucun échange de molécules autour de la borne. Nous produirions alors une flamme dans laquelle il n'y aurait pas de transport de matière, cela serait une flamme bien étrange, car elle serait figée! Avec des fréquences aussi élevées, l'inertie des particules entrerait en jeu. Comme la brosse, ou la flamme, gagnerait en rigidité grâce aux particules, l'échange de ces dernières serait empêché. Cela se produirait nécessairement, car, le nombre d'impulsions étant augmenté, l'énergie potentielle de chacune diminuerait, pour que finalement seules des vibrations atomiques puissent être mises en place, et que le mouvement de translation à travers l'espace mesurable cesse. Ainsi, un brûleur à gaz ordinaire connecté à une source de potentiel alternatif rapide pourrait voir son rendement augmenter jusqu'à une certaine limite, et ce, pour deux raisons: à cause des vibrations supplémentaires qu'il génère, et à cause du ralentissement du processus d'évacuation. Mais le renouvellement étant rendu difficile, en plus d'être nécessaire à la conservation du *brûleur*, une augmentation continue de la fréquence des impulsions, à supposer qu'elles puissent être transmises et imprimées sur la flamme, entraînerait l'«extinction» de cette dernière, autrement dit, simplement l'arrêt du processus chimique.

Je pense, cependant, que dans le cas d'une électrode immergée dans un milieu fluide isolant, et entourée de porteurs de charges électriques indépendants, sur lesquels on peut agir par induction, une fréquence suffisamment élevée des impulsions entraînerait probablement une gravitation du gaz tout autour de l'électrode. Pour cela, il suffirait de supposer que les corps indépendants sont de forme irrégulière; ils tourneraient alors vers l'électrode leur côté de plus grande densité électrique, et ce serait une position dans laquelle la résistance du fluide serait plus faible aux abords que celle étant plus reculée.

L'opinion générale, je n'en doute pas, est qu'il est hors de question d'atteindre de telles fréquences qui pourraient, en supposant que certains des avis précédemment émis soient vérifiés, produire chacun des résultats que j'ai indiqués comme étant de simples possibilités. C'est peut-être le cas, mais au cours de ces recherches, l'observation de nombreux phénomènes m'a convaincu que ces fréquences seraient bien inférieures à ce que l'on peut estimer au départ. Dans une flamme, nous créons de légères vibrations en faisant entrer en collision des molécules, ou des atomes.

Mais quel est le rapport entre la fréquence des collisions et celle des vibrations créées ? Elle doit sans aucun doute être incomparablement plus faible que celle des coups de cloche et des vibrations sonores, ou que celle de la décharge et des oscillations du condensateur. Nous pouvons faire entrer en collision les molécules de gaz en utilisant des impulsions électriques alternatives à haute fréquence, et ainsi nous pouvons imiter le processus dans une flamme ; et d'après les expériences impliquant les hautes fréquences que nous sommes maintenant en mesure d'obtenir, je pense que le résultat peut être produit avec des impulsions transmissibles à travers un conducteur.

En relation avec des réflexions de même nature, il m'est apparu très intéressant de démontrer la rigidité d'une colonne de gaz vibrante. Bien qu'avec des fréquences aussi faibles, disons, 10 000 par seconde, que j'ai pu obtenir sans trop de difficulté à partir d'un alternateur spécialement conçu, la tâche semblait décourageante au premier abord, mais j'ai fait une série d'expériences. Les essais avec de l'air à pression ordinaire n'ont donné aucun résultat, mais avec de l'air modérément raréfié, j'obtiens ce que je considère comme une preuve expérimentale incontestable de la propriété recherchée. Ce type de résultat pourrait mener les chercheurs compétents à des conclusions capitales, je vais décrire l'une des expériences réalisées.

Il est bien connu que lorsqu'un tube est légèrement épuisé, la décharge peut le traverser sous la forme d'un fin fil lumineux. Lorsqu'il est produit par des courants à basse fréquence, obtenus à partir d'une bobine fonctionnant comme d'habitude, ce fil est inerte. Si l'on approche un aimant, la partie proche de ce dernier est attirée ou repoussée, selon la direction des lignes de force de l'aimant. Il m'est apparu que si un tel fil était produit avec des courants à très haute fréquence, il devrait être plus ou moins rigide, et comme il était visible, l'étudier était facile. En conséquence, j'ai préparé un tube d'environ 2,5 cm de diamètre et un mètre de long, avec un revêtement extérieur à chaque extrémité. Le tube était épuisé à un point tel qu'en travaillant un peu, on pouvait obtenir la décharge du fil. Il faut remarquer ici que l'aspect général du tube, et le degré d'épuisement sont plutôt différents de ceux obtenus lorsque des courants à basse fréquence sont utilisés. Comme il a été jugé préférable de travailler avec une seule borne, le tube préparé a été suspendu à l'aide de l'extrémité du fil relié à la borne, le revêtement d'aluminium étant, lui, connecté au fil, et au revêtement inférieur, était parfois fixée une petite plaque isolée. Lorsque le fil était formé, il s'étendait à travers la partie supérieure du tube et se perdait dans la partie inférieure. S'il était rigide, il ressemblait, non pas exactement à un cordon élastique tendu entre deux supports, mais à un cordon suspendu à une certaine hauteur, auquel était attaché un petit poids à l'extrémité. Lorsque l'on approchait le doigt, ou un aimant, de l'extrémité supérieure du fil lumineux, il pouvait être déplacé localement par action électrostatique ou magnétique ; et lorsque l'objet perturbateur était très rapidement retiré, un résultat analogue se produisait, comme si un cordon suspendu était déplacé et rapidement relâché près du point de suspension. Ce faisait, le fil lumineux était mis en vibration, et deux nœuds très nettement marqués et un troisième indistinct se formaient. Une fois la vibration mise en place, elle a continué pendant huit minutes entières, disparaissant progressivement. La vitesse de la vibration variait souvent de manière perceptible, et on a pu observer que l'attraction électrostatique du verre avait un effet sur le fil vibrant. Mais il était clair que l'action électrostatique ne causait pas la vibration, car le fil était le plus généralement stationnaire, et pouvait toujours être mis en vibration en passant rapidement le doigt à proximité de la partie supérieure du tube. Avec un aimant, le fil pouvait être divisé en deux et chaque partie vibrait. En approchant la main du revêtement inférieur du tube, ou de la plaque isolée si celle-ci est fixée, la vibration était accélérée ; et d'après ce que j'ai pu voir, également en augmentant le potentiel ou la fréquence. Ainsi, soit l'augmentation de la fréquence, soit le passage d'une décharge plus forte de même fréquence correspondait à un resserrement du cordon. Je n'ai obtenu aucune preuve expérimentale avec les décharges du condensateur.

Une bande lumineuse excitée dans une ampoule par des décharges répétées d'une bouteille de Leyde doit posséder une certaine rigidité, et si elle est déformée et soudainement relâchée, elle doit vibrer. Mais il est probable que la quantité de matière vibrante soit si faible que, malgré la vitesse extrême, l'inertie ne peut se manifester de manière évidente. En outre, l'observation d'un tel cas est rendue extrêmement difficile en raison de la vibration fondamentale.

La démonstration de ce fait (qui nécessite toujours une véritable confirmation expérimentale) qu'une colonne de gaz vibrante est rigide pourrait considérablement modifier le point de vue des intellectuels. Alors qu'avec des fréquences basses et des potentiels insignifiants, on peut noter des indications de cette propriété, comment un milieu gazeux doit-il se comporter sous l'influence d'énormes contraintes électrostatiques, qui peuvent être actives dans l'espace interstellaire et qui peuvent alterner avec une rapidité déconcertante ?

L'existence d'une telle force électrostatique, rythmée par des pulsations (un champ électrostatique vibrant) permettrait de voir comment des solides ont pu se former à partir de l'utérus ultra-gazeux, et comment des vibrations transversales et de toutes sortes peuvent être transmises à travers un milieu gazeux remplissant tout l'espace. Alors, l'éther pourrait être un véritable fluide, dépourvu de rigidité, et immobile, n'étant nécessaire qu'en tant que ligne de liaison pour permettre l'interaction. Qu'est-ce qui détermine la rigidité d'un corps ? Ce doit être la vitesse ainsi que la quantité de matière en mouvement. Dans un gaz, la vitesse peut être considérable, mais la densité, elle, est extrêmement faible ; dans un liquide, la vitesse sera probablement faible, alors que la densité peut être considérable. Dans les deux cas, la résistance d'inertie que présente le déplacement est pratiquement *nulle*. Mais, placez une colonne de gaz (ou de liquide) dans un champ électrostatique intense et rapidement alternatif, mettez les particules en vibration avec de très grandes vitesses, alors la résistance d'inertie se manifestera. Un corps pourrait se déplacer avec plus ou moins de liberté à travers la masse vibrante, mais dans l'ensemble, il serait rigide.

Il y a un sujet en lien avec ces expériences que je me dois d'aborder : celui du vide poussé. C'est un sujet dont l'étude est non seulement intéressante, mais aussi utile, car elle peut conduire à des résultats de grande importance en terme de pratique. Dans les appareils commerciaux, tels que les lampes à incandescence, fonctionnant à partir de système de distribution ordinaire, un vide beaucoup plus poussé que celui obtenu actuellement ne garantirait pas un très grand avantage. Dans un tel cas, le travail est réalisé sur le filament et le gaz n'est que peu sollicité; le progrès ne serait donc qu'insignifiant. Mais lorsque nous commençons à utiliser des fréquences et des potentiels très élevés, l'action du gaz devient primordiale, et le degré d'épuisement modifie sensiblement les résultats. Tant que des bobines standards, même très grandes, sont utilisées, l'étude du sujet était limitée, car au moment où cela devenait le plus intéressant, il fallait l'interrompre en raison du vide « absolu » qui était atteint. Mais actuellement, nous sommes en mesure d'obtenir, à partir d'une bobine à décharge disruptive, des potentiels bien plus élevés que ce que même la plus grande des bobines était capable de fournir, et, qui plus est, nous pouvons faire alterner le potentiel avec une grande rapidité. Ces deux résultats nous permettent maintenant de faire passer une décharge lumineuse à travers presque tous les vides existants, et le champ de nos recherches est considérablement élargi. De toutes les directions possibles pour développer une source lumineuse pratique, la ligne du vide poussé semble être la plus prometteuse à l'heure actuelle. Mais pour atteindre l'ultra-vide, les appareils doivent être bien plus perfectionnés, et l'amélioration ultime ne sera atteinte que lorsque nous aurons abandonné la pompe à vide mécanique et perfectionné la pompe électrique. Les molécules et les atomes peuvent être expulsés hors d'une ampoule sous l'action d'un potentiel considérable : tel sera le principe de la pompe à vide du futur. À l'heure actuelle, nous devons obtenir les meilleurs résultats possibles avec des appareils mécaniques. À cet égard, il serait peut-être judicieux de dire quelques mots sur la méthode et les appareils qui produisent des degrés d'épuisement excessivement élevés auxquels j'ai eu recours tout au long de ces recherches. Il est très probable que d'autres expérimentateurs ont utilisé des dispositifs similaires ; mais comme il est possible de trouver un élément intéressant dans leur description, quelques remarques, qui rendront leur recherche plus complète, pourraient être permises.

L'appareil est illustré par le dessin de la figure 30. S représente une pompe à mercure (Sprengel), qui a été spécialement conçue pour convenir de la meilleure façon au travail requis. Le robinet d'arrêt qui est habituellement utilisé a été omis et remplacé par un bouchon creux *s*, placé dans la base du réservoir *R*. Ce bouchon a un petit trou *h*, par lequel le mercure descend ; la taille de la sortie *o* étant correctement déterminée par rapport à la section du tube de descente, qui est scellé au réservoir au lieu d'être relié à celui-ci de la manière habituelle. Cette disposition permet de surmonter les défauts et les problèmes qui découlent souvent de l'utilisation du robinet d'arrêt sur le réservoir et de son raccord avec le tube de descente.

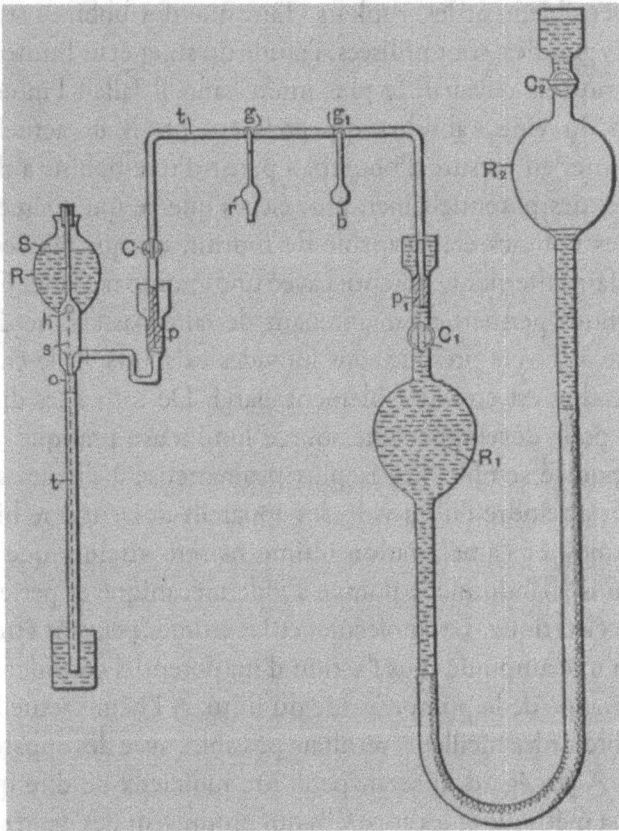

Fig. 30 – Appareil utilisé pour obtenir des degrés élevés d'épuisement.

La pompe est reliée par un tube *t* en forme de U à un très grand réservoir R_1. Un soin particulier a été apporté à l'ajustement des surfaces affûtés du bouchon *p* et p_1, et ces deux bouchons, ainsi que les bouchons de mercure situés au-dessus, se distinguent par leur longueur exceptionnelle. Une fois le tube en forme de U ajusté et mis en place, il a été chauffé, de manière à le ramollir et à éliminer la contrainte d'un défaut de montage. Le tube en forme de U était muni d'un robinet d'arrêt C, et de deux prises de terre g et g_1: l'une pour une petite ampoule b, contenant généralement de la potasse caustique, et l'autre pour le récipient récepteur r, pour être épuisé.

Le réservoir R_1 était relié au moyen d'un tube en caoutchouc à un réservoir R_2 légèrement plus grand, chacun des deux réservoirs étant respectivement muni d'un robinet d'arrêt C_1 et C_2. Le réservoir R_2 pouvait être relevé et abaissé par une molette et une crémaillère, et l'amplitude de son mouvement était si déterminée que lorsqu'il était rempli de mercure et que le robinet d'arrêt C_2 se fermait, de manière à y former un vide torricellien lorsqu'il était relevé, il pouvait être remonté si haut que le mercure du réservoir R_1 se trouvait un peu au-dessus du robinet d'arrêt C_1; et lorsque ce robinet était fermé et que le réservoir R_2 descendait, de manière à former un vide torricellien dans le réservoir R_1, il pouvait être abaissé jusqu'à vider complètement ce dernier, le mercure remplissant le réservoir R_2 légèrement plus haut que le robinet C_2.

La capacité de la pompe et des raccords a été choisie de manière à ce qu'elle soit aussi petite que possible par rapport au volume du réservoir, R_1, puisque, bien sûr, le degré d'épuisement dépendait du rapport de ces quantités.

Avec cet appareil, j'ai combiné les moyens habituels indiqués par les expériences précédentes pour la production de très haut vide. Dans la plupart des expériences, il était judicieux d'utiliser de la potasse caustique. Je peux me risquer à dire, en ce qui concerne son utilisation, qu'en plus de gagner beaucoup de temps, une action plus parfaite de la pompe est assurée par la fusion et l'ébullition de la potasse dès que, ou même avant que, la pompe se stabilise. Si l'on ne suit pas cette voie, les bâtonnets, tels qu'ils sont habituellement utilisés, peuvent dégager de l'humidité à vitesse très lente, et la pompe peut fonctionner pendant de nombreuses heures sans atteindre un très haut vide. La potasse est chauffée soit par une lampe à alcool, soit par le passage d'une décharge à travers celle-ci, soit par le passage d'un courant à travers un fil contenu dans celle-ci. Dans ce dernier cas, l'avantage était que l'échauffement pouvait être répété plus rapidement.

En général, le processus d'épuisement était le suivant: au début, les robinets d'arrêt C et C_1 étant ouverts, et tous les autres raccords étant fermés, le réservoir R_2 était tellement relevé que le mercure remplissait le réservoir R_1 ainsi qu'une partie du tube étroit en forme de U qui le reliait. Lorsque la pompe était mise en marche, le mercure montait bien sûr rapidement dans le tube, et le réservoir R_2 était abaissé, l'expérimentateur maintenant le mercure à peu près au même niveau. L'équilibre du réservoir R_2 se faisait par un long ressort qui facilitait le fonctionnement, et la friction des éléments était généralement suffisante pour le maintenir dans presque toutes les positions. Lorsque le travail de la pompe à mercure était terminé, le réservoir R_2 était encore plus abaissé et le mercure s'écoulait dans R_1 et remplissait R_2, après quoi, le robinet d'arrêt C_2 était fermé. L'air adhérant aux parois de R_1, et celui absorbé par le mercure ont été évacués, et pour libérer le mercure contenu dans tout l'air, le réservoir R_2 a longtemps été sollicité de toutes parts. Au cours de ce processus, une partie de l'air, qui s'accumulait sous le robinet d'arrêt C_2, était expulsée de R_2 en l'abaissant suffisamment et en ouvrant le robinet, en refermant ce dernier avant de remonter le réservoir. Lorsque tout l'air avait été expulsé du mercure, et qu'il ne s'accumulait pas dans R_2, on avait recours à la potasse caustique pour l'abaisser. Le réservoir R_2 était alors à nouveau relevé jusqu'à ce que le mercure dans R_1 se trouve au-dessus du robinet C_1. La potasse caustique avait été fondue et bouillie, et l'humidité avait été en partie évacuée par la pompe, et en partie réabsorbée. Ce processus d'échauffement et de refroidissement a été répété à plusieurs reprises, et chaque fois, dès que l'humidité était absorbée ou évacuée, le réservoir R_2 était longtemps relevé ou abaissé. De cette manière, toute l'humidité était évacuée du mercure, et les deux réservoirs étaient en bonne condition, nécessaire à leur utilisation. Le réservoir R_2 était ensuite relevé jusqu'en haut, et la pompe continuait de fonctionner pendant un long moment. Lorsque le vide le plus poussé possible obtenu avec la pompe était atteint, l'ampoule de potasse était généralement enveloppée de coton, qui était en partie recouvert d'éther afin de maintenir la potasse à une température très basse, puis le réservoir R_2 était abaissé, et lors du déversement du réservoir R_1, le récipient récepteur r a rapidement été scellé.

Lorsqu'une nouvelle ampoule était mise en place, le mercure était toujours plus haut que le robinet C_1, qui était fermé, afin de toujours garder le mercure et les deux réservoirs en bon état, et le mercure n'était jamais retiré de R_1, sauf quand la pompe atteignait le plus haut degré d'épuisement. Il est nécessaire de respecter cette règle si l'on veut utiliser l'appareil au mieux.

Grâce à cette disposition, j'ai pu procéder très rapidement, et lorsque l'appareil était en parfait état de marche, il était possible d'atteindre le stade de la phosphorescence dans une petite ampoule en moins de 15 minutes, ce qui est sans aucun doute un travail très rapide pour un petit dispositif de laboratoire nécessitant en tout environ 45 kilos de mercure. Avec des petites ampoules standards, le rapport entre la capacité de la pompe, du récepteur et des raccords, et celle du réservoir *R* était d'environ 1-20, et les degrés d'épuisement atteints étaient nécessairement très élevés, cependant, je ne suis pas en mesure de déterminer avec précision et certitude jusqu'où a été porté l'épuisement.

Ce qui impressionne le plus les chercheurs au cours de ces expériences, c'est le comportement des gaz lorsqu'ils sont soumis à de grandes contraintes électrostatiques qui alternent rapidement. Mais ils doivent rester dans le doute quant à savoir si les effets observés sont dus entièrement aux molécules, ou aux atomes, du gaz que l'analyse chimique nous révèle, ou si un autre milieu de nature gazeuse entre en jeu, composé d'atomes, ou de molécules, immergé dans un fluide pénétrant l'espace. Un tel milieu doit sûrement exister, et je suis convaincu que, par exemple, même si l'air était absent, la surface, d'un corps dans l'espace, et ses abords, seraient chauffés par une alternance rapide du potentiel du corps; mais un tel échauffement de la surface ou des abords ne pourrait pas se produire si tous les atomes libres étaient éliminés; seul un fluide homogène, incompressible et élastique (tel que l'éther est censé l'être) resterait, car il n'y aurait alors aucun impact, aucune collision. Dans un tel cas, en ce qui concerne le corps, seules des pertes par frictions à l'intérieur pourraient se produire.

Il est frappant de constater que la décharge à travers le gaz s'établit avec une liberté sans cesse croissante, à mesure que la fréquence des impulsions est augmentée. Le gaz se comporte à cet égard, tout à fait différemment du conducteur métallique. Dans ce dernier, l'impédance intervient de manière remarquable lorsque la fréquence est augmentée, mais le gaz agit comme le ferait une série de condensateurs: la facilité avec laquelle la décharge passe à travers, semble dépendre de la vitesse de variation du potentiel. Si elle agit ainsi, alors dans un tube à vide, même très long, et, quelle que soit la force du courant, l'auto-induction ne pourrait s'affirmer convenablement. D'après ce que nous pouvons voir, nous avons donc dans le gaz un conducteur qui est capable de transmettre des impulsions électriques de n'importe quelle fréquence que nous pouvons produire. Si la fréquence est portée à un niveau suffisamment élevé, alors on pourrait réaliser un système original de distribution électrique, qui serait susceptible d'intéresser les compagnies de gaz : des conduits métalliques remplis avec du gaz (le métal étant l'isolant, le gaz un conducteur), alimentant des ampoules phosphorescentes, ou peut-être des dispositifs pas encore inventés. Il est certainement possible de prendre un noyau creux de cuivre, de raréfier le gaz dans celui-ci, et en faisant passer des impulsions de fréquence suffisamment élevée dans un circuit autour de celui-ci, d'amener le gaz à l'intérieur à un degré d'incandescence élevé ; mais quant à la nature des forces, il y aurait une importante incertitude, car il serait douteux qu'avec de telles impulsions, le noyau de cuivre agisse comme un blindage statique.

De tels paradoxes et impossibilités manifestes que nous rencontrons à chaque étape de ce travail, et c'est là que réside, en grande partie, la portée de l'étude.

J'ai ici un tube, court et large, qui est fortement épuisé et recouvert de manière importante d'un revêtement de bronze, celui-ci laissant à peine passer la lumière. Un fermoir métallique, avec un crochet pour suspendre le tube, est fixé autour de la partie centrale de ce dernier, le fermoir étant en contact avec le revêtement de bronze. Je veux maintenant allumer le gaz à l'intérieur en suspendant le tube sur un fil relié à la bobine. Celui qui tenterait l'expérience pour la première fois, sans, justement, aucune expérience antérieure, veillerait probablement à être vraiment seul lors de l'essai, de peur de devenir la risée de ses collègues. Toutefois, l'ampoule s'allume malgré le revêtement métallique, et la lumière peut être perçue distinctement à travers ce dernier. Un long tube recouvert de cuproaluminium s'illumine assez intensément lorsqu'il est tenu d'une main ; l'autre main tenant la borne de la bobine. On pourrait contester le fait que les revêtements ne sont pas suffisamment conducteurs ; pourtant, même s'ils étaient très résistants, ils devraient bloquer le gaz. Ils le bloquent certainement parfaitement au repos, ce qui n'est pas le cas lorsque la charge s'accumule dans le revêtement. Mais la perte d'énergie qui se produit à l'intérieur du tube, malgré le blindage, est principalement due à la présence du gaz.

Si nous prenions une grande sphère métallique creuse, et que nous la remplissions avec un diélectrique fluide incompressible parfait, il n'y aurait aucune perte à l'intérieur de la sphère, et par conséquent, l'intérieur pourrait être considéré comme parfaitement blindé, bien que le potentiel soit très rapidement alterné. Même si la sphère était remplie d'huile, la perte serait incomparablement plus faible que lorsque le fluide est remplacé par un gaz, car dans ce dernier, la force produit des déplacements ; cela implique qu'il y a des impacts et des collisions à l'intérieur.

Quelle que soit la pression du gaz, elle devient un facteur important dans l'échauffement d'un conducteur lorsque la densité électrique est importante, et que la fréquence est très élevée. Le fait que dans l'échauffement des conducteurs par les décharges électrostatiques, l'air soit un élément de grande importance est presque aussi certain qu'un fait expérimental. Je peux illustrer l'action de l'air par l'expérience suivante : je prends un tube court qui est épuisé à un niveau modéré et dont le milieu est traversé d'un bout à l'autre par un fil de platine. Je fais passer un courant continu ou à basse fréquence dans le fil, et il est chauffé uniformément dans toutes les parties. L'échauffement est ici dû à des pertes par conduction ou par friction, et le gaz qui entoure le fil n'a, à notre connaissance, aucune fonction à remplir. Mais laissez-moi maintenant faire passer des décharges soudaines, ou un courant à haute fréquence, à travers le fil. Là encore, ce dernier est chauffé, cette fois-ci, particulièrement aux extrémités et moins au niveau de la partie centrale. Et si la fréquence des impulsions ou la vitesse de variation est suffisamment élevée, le fil peut tout aussi bien être coupé au milieu, comme il peut ne pas l'être, car pratiquement tout l'échauffement est dû au gaz raréfié. Ici, le gaz ne pourrait agir que comme un conducteur sans impédance détournant le courant du fil, puisque l'impédance de ce dernier est considérablement augmentée, et chauffant simplement les extrémités du fil en raison de leur résistance au passage de la décharge. Mais il n'est pas du tout nécessaire que le gaz dans le tube soit conducteur ; il pourrait être à une pression extrêmement basse, mais les extrémités seraient quand même chauffées, comme l'expérience l'a déterminé ; dans ce cas, seules les deux extrémités du fil ne seraient pas reliées électriquement par le milieu gazeux. Maintenant, ce qui se produit avec ces fréquences et potentiels dans un tube épuisé se produit dans les décharges électrostatiques à pression ordinaire. Il suffit de se souvenir d'un des faits établis au cours de ces recherches, à savoir que, pour les impulsions à très haute fréquence, le gaz à pression ordinaire se comporte à peu près de la même manière que s'il était à pression modérément basse. Je pense que dans les décharges électrostatiques, il est fréquent que des fils ou des objets conducteurs se volatilisent simplement à cause de l'air présent, et que, si le conducteur est immergé dans un liquide isolant, il ne présenterait pas de danger, car l'énergie devrait alors se dépenser ailleurs. Du comportement des gaz aux impulsions soudaines à potentiel élevé, je suis amené à conclure qu'il n'y a pas de moyen plus sûr de détourner une décharge électrostatique qu'en lui permettant de passer à travers un volume de gaz, si cela peut être fait de manière pratique.

Il y a deux caractéristiques de plus sur lesquelles je pense qu'il est nécessaire de s'attarder dans le cadre de ces expériences : l'« état radiant » et le « vide absolu ».

Quiconque a étudié les travaux de Crookes a dû avoir l'impression que l'»état de rayonnement» est une propriété du gaz indissociablement liée à un degré d'usure extrêmement élevé. Mais il faut se rappeler que les phénomènes observés dans un récipient épuisé sont limités au type et à la capacité de l'appareil dont on fait usage. Je pense que dans une ampoule, une molécule, ou un atome ne se déplace pas précisément en ligne droite parce qu'elle ne rencontre aucun obstacle, mais parce que la vitesse qui lui est impartie est suffisante pour la propulser en ligne sensiblement droite. Le trajet libre est une chose, mais la vitesse – l'énergie associée au corps en mouvement – en est une autre, et dans des circonstances ordinaires, je pense que c'est une simple question de potentiel ou de vitesse. Une bobine de décharge turbulente, lorsque le potentiel est poussé très loin, provoque une phosphorescence et projette des ombres, à un degré d'épuisement relativement faible. Pendant une décharge de foudre, la matière se déplace en ligne droite à une pression ordinaire lorsque le trajet libre est extrêmement petit, et il arrive fréquemment que des images de fils ou d'autres objets métalliques soient produites par les particules projetées en ligne droite.

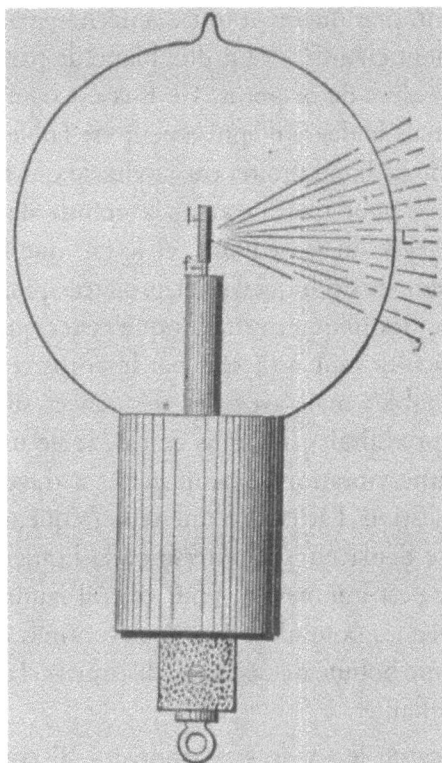

Fig. 31 – Ampoule montrant un courant de chaux rayonnant à faible épuisement.

Je préparais donc une ampoule pour illustrer par une expérience la justesse de ces affirmations. Dans un globe *L* (figure 81), j'ai monté sur un filament de lampe *f* un morceau de chaux *c*. Le filament de lampe est relié à un fil qui conduit à l'ampoule, et la construction générale de celle-ci est comme indiqué dans la figure 19, décrite précédemment. L'ampoule étant suspendue à un fil relié à la terminaison de la bobine, et cette dernière étant mise en marche, le morceau de chaux *c* et les parties saillantes du filament *f* sont bombardés. Le degré d'usure est tel qu'avec le potentiel que la bobine est capable de donner la phosphorescence du verre est produit, mais disparaît dès que le vide est altéré. La chaux contenant de l'humidité, et l'humidité étant libérée dès que le chauffage se produit, la phosphorescence ne dure que quelques instants. Lorsque la chaux était suffisamment chauffée, l'humidité dégagée était suffisante pour altérer matériellement le vide de l'ampoule. Au fur et à mesure du bombardement, un point du morceau de chaux est plus chauffé que les autres points, et le résultat est que finalement, pratiquement toute la décharge passe par ce point qui est intensément chauffé, et un flux blanc de particules de chaux (figure 81) jaillit alors de ce point. Ce flux est composé de matière « rayonnante », mais le degré d'épuisement est faible. Mais les particules se déplacent en ligne droite, car la vitesse qui leur est impartie est grande, et cela pour trois raisons : la grande densité électrique, la température élevée du petit point, et le fait que les particules de chaux sont facilement déchiquetées et projetées plus loin que celles de carbone. Avec des fréquences telles que celles que nous pouvons obtenir, les particules sont projetées par le corps et projetées à une distance considérable ; mais avec des fréquences suffisamment élevées, cela ne se produirait pas : dans ce cas, seule une contrainte se propagerait ou une vibration se propagerait à travers l'ampoule. Il serait hors de question d'atteindre une telle fréquence en supposant que les atomes se déplacent à la vitesse de la lumière ; mais je crois qu'une telle chose est impossible ; pour cela, il faudrait un potentiel considérable. Avec les potentiels que nous sommes capables d'obtenir, même avec une bobine de décharge disruptive, la vitesse doit être tout à fait insignifiante.

En ce qui concerne le « vide sans contact », il convient de noter qu'il ne peut se produire qu'avec des impulsions à basse fréquence, et qu'il est rendu nécessaire par l'impossibilité de transporter suffisamment d'énergie avec de telles impulsions dans le vide poussé, car les quelques atomes qui se trouvent autour de la terminaison en entrant en contact avec celle-ci sont repoussés et maintenus à distance pendant une période de temps relativement longue, et on ne peut pas effectuer suffisamment de travail pour rendre l'effet perceptible à l'œil. Si la différence de potentiel entre les terminaisons est augmentée, le diélectrique se désagrège. Mais dans le cas d'impulsions à très haute fréquence, une telle rupture n'est pas nécessaire, car n'importe quel travail peut être effectué en agitant continuellement les atomes dans le réceptacle usé, à condition que la fréquence soit suffisamment élevée. Il est facile d'atteindre – même avec des fréquences obtenues à partir d'un alternateur comme ici utilisé – un stade où la décharge ne passe pas entre deux électrodes dans un tube étroit, chacune d'entre elles étant connectée à l'une des bornes de la bobine, mais il est difficile d'atteindre un point où une décharge lumineuse ne se produirait pas autour de chaque électrode.

Une solution qui se présente naturellement en relation avec les courants à haute fréquence est d'utiliser leur puissante action inductive électrodynamique pour produire des effets lumineux dans un globe de verre scellé. Le fil d'alimentation est l'un des défauts de la lampe à incandescence existante, et si aucune autre amélioration n'était apportée, cette imperfection devrait au moins être éliminée. À la suite de cette considération, j'ai poursuivi des expériences dans différentes directions, dont certaines ont été indiquées dans mon précédent article. Je peux mentionner ici une ou deux autres lignes directrices d'expériences qui ont été poursuivies.

De nombreuses ampoules ont été réalisées comme le montrent les figures 32 et 33.

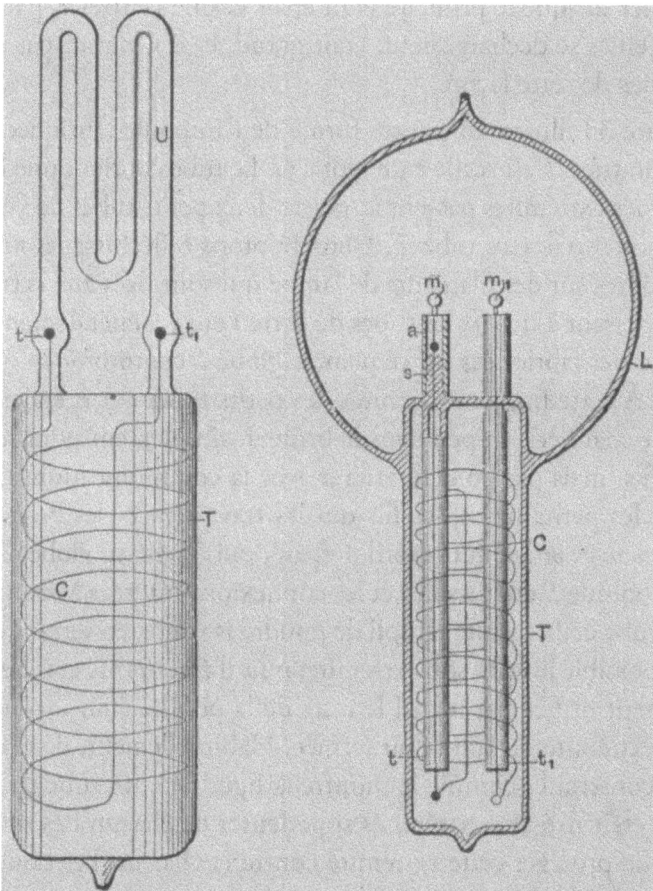

Fig. 32 – Tube à induction electro-
dynamique.

Fig. 33 – Lampe à induction electro-
dynamique.

Sur la figure 32, un large tube T a été scellé à un tube U plus petit en forme de W, en verre phosphorescent. Dans le tube T était placée une bobine b de fil d'aluminium, dont les extrémités étaient munies de petites sphères t et t_1 d'aluminium, et qui s'enfonçait dans le tube U. Le tube T était glissé dans une douille contenant une bobine principale à travers laquelle étaient généralement dirigées les décharges des bouteilles de Leyde, et le gaz raréfié dans le petit tube U était excité à une forte luminosité par les courants à haute tension induits dans la bobine B. Lorsque les décharges des bouteilles de Leyde étaient utilisées pour induire des courants dans la bobine B, il était nécessaire de remplir le tube T avec de la poudre isolante, car une décharge se produisait fréquemment entre les enroulements de la bobine, en particulier lorsque le primaire était épais et que l'entrefer, par lequel les bouteilles se déchargeaient, était grand, et il n'y avait pas peu de problèmes de cette façon.

La figure 33 illustre une autre forme de l'ampoule fabriquée. Dans ce cas, un tube T est scellé à un globe G. Le tube contient une bobine B, dont les extrémités passent à travers deux petits tubes de verre t et t_1, qui sont scellés au tube T. Deux boutons réfléchissants m et m_1, sont montés sur des filaments de lampe qui sont fixés aux extrémités des fils passant à travers les tubes de verre t et t_1. Généralement, dans les ampoules fabriquées sur ce plan, le globe L communiquait avec le tube T. À cette fin, les extrémités des petits tubes t et t_1 étaient simplement chauffées un peu dans le brûleur, simplement pour maintenir les fils, mais pas pour interférer avec la communication. Le tube T, avec les petits tubes, les fils qui les traversent et les boutons réfractaires m et m_1, était d'abord préparé, puis scellé au globe G, après quoi la bobine B était enfilée et les connexions réalisées à ses extrémités. Le tube était ensuite rempli de poudre isolante, en serrant celle-ci le plus possible jusqu'à son extrémité, puis il était fermé et il ne restait qu'un petit orifice par lequel le reste de la poudre était introduit, et enfin l'extrémité du tube était fermée. Habituellement, dans les ampoules construites comme le montre la figure 33, un tube en aluminium a était fixé aux extrémités supérieures de chacun des tubes t et t_1, afin de protéger cette extrémité contre la chaleur. Les boutons m et ml pouvaient être amenés à n'importe quel degré d'incandescence en faisant passer les décharges des bouteilles de Leyde autour de la bobine C. Dans ces ampoules à deux boutons, un effet très curieux est produit par la formation des ombres de chacun des deux boutons.

Une autre piste d'expérimentation, qui a été suivie avec assiduité, consistait à induire par induction électrodynamique un courant ou une décharge lumineuse dans un tube ou une ampoule épuisée. Cette question a été traitée avec tant d'habileté par le professeur Joseph John Thomson que je ne pourrais ajouter que peu de choses à ce qu'il a fait connaître, même si j'en avais fait le sujet spécial de cette étude. Néanmoins, comme les expériences dans ce domaine m'ont progressivement conduit aux vues et aux résultats actuels, il convient de consacrer quelques mots à ce sujet.

Il est incontestablement arrivé à beaucoup que, lorsqu'un tube à vide est rallongé, la force électromotrice par unité de longueur du tube, nécessaire pour faire passer une décharge lumineuse à travers ce dernier, diminue continuellement; par conséquent, si le tube usé est suffisamment long, même à basse fréquence, une décharge lumineuse pourrait être induite dans un tel tube fermé sur lui-même. Un tel tube pourrait être placé autour d'un corridor ou au plafond, permettant ainsi d'obtenir immédiatement un appareil simple capable de fournir une lumière considérable. Mais ce serait un appareil difficile à fabriquer et difficilement manipulable. Il ne conviendrait pas de fabriquer le tube en petites longueurs, car il y aurait avec les fréquences ordinaires une perte considérable dans les revêtements, d'ailleurs, si des revêtements étaient utilisés, il vaudrait mieux alimenter le courant directement au tube en connectant les revêtements à un transformateur.

Mais même si toutes les objections de cette sorte étaient écartées, il n'en reste pas moins qu'avec les basses fréquences, la conversion de la lumière elle-même serait inefficace, comme je l'ai indiqué précédemment. En utilisant des fréquences extrêmement élevées, la longueur du secondaire, en d'autres termes, la taille du réceptacle, peut être réduite autant que souhaité, et l'efficacité de la conversion de la lumière est accrue, à condition que des moyens soient inventés pour obtenir efficacement ces fréquences élevées. Ainsi, l'on est amené, à partir de considérations théoriques et pratiques, à utiliser des fréquences élevées, ce qui signifie des forces électromotrices élevées et des courants faibles dans le primaire. Lorsqu'il travaille avec des charges de condensateur – et ce sont les seuls moyens connus jusqu'à présent

pour atteindre ces fréquences extrêmes – il arrive à des forces électromotrices de plusieurs milliers de volts par tour du circuit primaire. Il
ne peut pas multiplier l'effet inductif électrodynamique en prenant
plus de tours dans le circuit primaire, car il arrive à la conclusion que
le meilleur moyen est de travailler avec un seul tour – bien qu'il doive
parfois s'écarter de cette règle – et il doit s'accommoder de l'effet inductif qu'il peut obtenir avec un tour. Mais avant d'avoir longtemps
expérimenté les fréquences extrêmes nécessaires pour établir dans
une petite ampoule une force électromotrice de plusieurs milliers de
volts, il réalise la grande importance des effets électrostatiques, et ces
effets prennent une importance relative par rapport à l'électrodynamique à mesure que la fréquence augmente. Or, si quelque chose est
souhaitable dans ce cas, c'est d'augmenter la fréquence, et cela aggra-
verait encore les effets électrodynamiques. D'autre part, il est facile
de renforcer l'action électrostatique autant que l'on veut en prenant
plus de tours sur le secondaire, ou en combinant l'auto-induction
et la capacité à augmenter le potentiel. Il faut également se rappeler
qu'en réduisant le courant à la plus petite valeur et en augmentant le
potentiel, les impulsions électriques de haute fréquence peuvent être
plus facilement transmises par un conducteur.

Ces réflexions ainsi que d'autres similaires m'ont incité à accorder
plus d'attention aux phénomènes électrostatiques et à m'efforcer de
produire des potentiels aussi élevés que possible et de les alterner
aussi vite que possible. J'ai alors découvert que je pouvais stimuler
des tubes à vide à une distance considérable d'un conducteur relié
à une bobine correctement construite, et que je pouvais, en conver-
tissant le courant oscillatoire d'un condensateur à un voltage plus
élevé, établir des champs électrostatiques alternatifs qui agissaient à
travers toute l'étendue d'une pièce, éclairant un tube, quel que soit
l'endroit où il était maintenu dans l'espace. Je pensais avoir réalisé un
pas en avant, et j'ai persévéré dans cette voie ; mais je tiens à dire que
je partage avec tous les amoureux de la science et du progrès le seul
et unique désir d'atteindre un résultat d'utilité pour les hommes dans
n'importe quelle direction vers laquelle la pensée ou l'expérience peut
me conduire. Je pense que ce postulat est le bon, car je ne vois pas, à
partir de l'observation des phénomènes qui se manifestent à mesure
que la fréquence augmente, ce qu'il resterait à faire entre deux circuits
véhiculant, par exemple, des impulsions de plusieurs centaines de

millions par seconde, à l'exception des forces électrostatiques. Même avec des fréquences aussi insignifiantes, l'énergie serait pratiquement à son potentiel maximum, et je suis convaincu que, quel que soit le type de mouvement auquel la lumière est due, elle est produite par d'énormes contraintes électrostatiques qui vibrent avec une extrême rapidité.

De tous ces phénomènes observés avec des courants, ou des impulsions électriques, de hautes fréquences, les plus fascinants pour un public sont certainement ceux qui sont constatés dans un champ électrostatique agissant à une distance considérable, et le mieux qu'un lecteur profane puisse faire est de commencer et de terminer par l'exposition de ces effets particuliers. Je prends un tube et je le déplace, il est éclairé partout où je le tiens; dans tout l'espace, des énergies invisibles agissent. Mais il se peut que je prenne un autre tube et qu'il ne s'allume pas, le vide étant très important. Je le stimule au moyen d'une bobine de décharge perturbatrice, et il s'allume alors dans le champ électrostatique. Je peux le ranger pendant quelques semaines ou quelques mois, mais il conserve la faculté d'être stimulé. Quel changement ai-je produit dans le tube en le soumettant à une stimulation? Si un mouvement est transmis aux atomes, il est difficile de percevoir comment il peut persister si longtemps sans être arrêté par des pertes par frottement; et si une contrainte exercée dans le diélectrique, comme une simple électrification, se produit, il est facile de voir comment il peut persister indéfiniment, mais il est très difficile de comprendre pourquoi une telle condition devrait favoriser la stimulation alors que nous devons faire face à des voltages qui alternent rapidement.

Depuis la première fois que j'ai exposé ces phénomènes, j'ai constaté d'autres effets intéressants. Ainsi, j'ai provoqué l'incandescence d'un bouton, d'un filament ou d'un fil métallique enfermé dans un tube. Pour parvenir à ce résultat, il a fallu emmagasiner l'énergie obtenue sur le champ et en diriger la majeure partie sur le petit corps à rendre incandescent. Au début, la démarche semblait difficile, mais l'expérience acquise m'a permis d'atteindre facilement le résultat. Les figures 34 et 35 illustrent deux tubes de ce type préparés pour l'occasion. Dans la figure 34, un tube court T_1, scellé à un autre tube long T, est muni d'une tige s, avec un fil de platine scellé dans ce dernier. Un filament de lampe très mince l est fixé à ce fil, et la connexion avec l'extérieur se fait par un mince fil de cuivre *w*. Le tube est pourvu d'un revêtement extérieur et intérieur, R et R_1 respectivement, et est rempli jusqu'à la limite des revêtements avec de la poudre conductrice, et l'espace au-dessus avec de la poudre isolante. Ces revêtements sont simplement utilisés pour me permettre de réaliser deux expériences avec le tube, à savoir produire l'effet souhaité soit par connexion directe du corps utilisé ou d'un autre corps au fil *f*, soit par action inductive à travers le verre. La tige *s* est munie d'un tube en aluminium *a*, pour les besoins expliqués précédemment, et seule une petite partie du filament sort de ce tube. En maintenant le tube T_1 n'importe où dans le champ électrostatique, le filament est rendu incandescent.

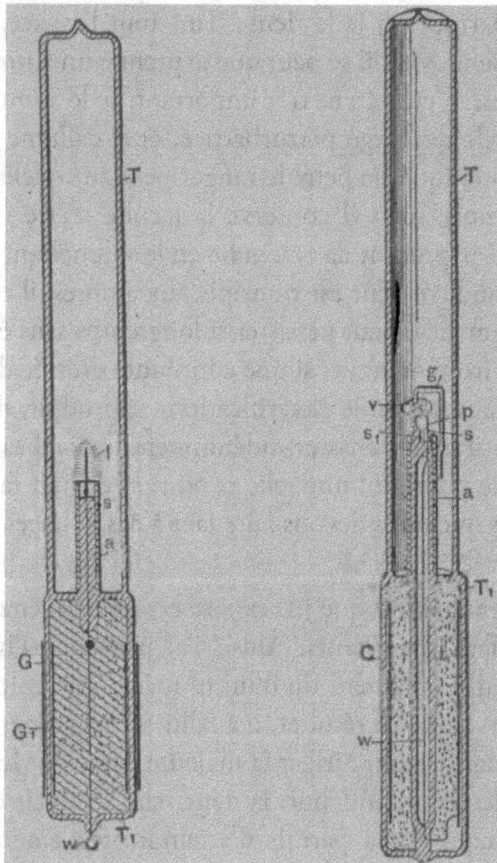

Fig. 43 – Tube à rendu de filament   Fig. 44 – Expérience de Crookes
incandescent dans un champ   dans un champ électrostatique.
électrostatique.

Quels que soient les résultats de ce type de recherches, leur intérêt principal réside pour l'instant dans les possibilités qu'elles offrent pour la production d'un dispositif d'éclairage efficace. Dans aucune branche de l'industrie électrique, un progrès n'est plus souhaité que dans la fabrication de la lumière. Tout chercheur, lorsqu'il considère les méthodes archaïques employées, les pertes déplorables encourues dans nos meilleurs systèmes de production de lumière, doit se poser la question. Quelle sera la lumière du futur? S'agira-t-il d'un solide incandescent, comme dans la lampe actuelle, ou d'un gaz incandescent, ou d'un corps phosphorescent, ou de quelque chose comme un brûleur, mais incomparablement plus efficace?

Il y a peu de chances d'améliorer un brûleur à gaz; non pas, peut-être, parce que l'ingéniosité humaine s'est penchée sur ce problème pendant des siècles sans qu'un virage radical ait été pris – bien que cet argument ne soit pas dénué de fondement – mais parce que dans un brûleur, les vibrations les plus élevées ne peuvent être atteintes qu'en passant par toutes les vibrations plus faibles. Car comment une flamme est-elle produite si ce n'est par une chute de poids soulevés? Un tel processus ne peut être maintenu sans renouvellement, et le renouvellement se répète en passant des vibrations faibles aux plus élevées. Une seule solution semble possible pour améliorer un brûleur, c'est d'essayer d'atteindre des degrés d'incandescence plus élevés. Une incandescence plus élevée équivaut à une vibration plus rapide; cela signifie plus de lumière provenant du même matériau, et cela, encore une fois, signifie plus d'économie. Dans ce sens, certaines améliorations ont été apportées, mais les progrès sont entravés par de nombreuses limitations. Si l'on écarte donc le brûleur, il reste les trois moyens mentionnés en premier lieu, qui sont essentiellement électriques.

Supposons que la lumière du futur soit un solide rendu incandescent par l'électricité. Ne semble-t-il pas préférable d'utiliser un petit bouton plutôt qu'un filament délicat? De nombreuses considérations permettent certainement de conclure qu'un bouton est capable d'une accumulation plus importante, en supposant, bien sûr, que les inconvénients liés au fonctionnement d'une telle lampe soient effectivement surmontés. Mais pour allumer une telle lampe, nous avons besoin d'un voltage élevé; et pour l'obtenir de manière économique, nous devons utiliser des fréquences élevées. Ces observations s'appliquent encore plus à la production de lumière par incandescence d'un gaz ou par phosphorescence. Dans tous les cas, nous avons besoin de hautes fréquences et de voltages élevés. D'ailleurs, l'utilisation de très hautes fréquences nous apporte de nombreux avantages, comme une plus grande économie dans la production de lumière, la possibilité de fonctionner avec un seul fil, la possibilité de supprimer le fil de raccordement, etc. La question est de savoir jusqu'où nous pouvons aller avec les fréquences. Les conducteurs ordinaires perdent rapidement la possibilité de transmettre des impulsions électriques lorsque la fréquence est fortement augmentée. En supposant que les moyens de production d'impulsions de très grande fréquence soient amenés à la plus grande perfection, chacun se demandera naturellement comment les transmettre lorsque la nécessité s'en fera sentir. En transmettant de telles impulsions par des conducteurs, nous devons nous rappeler que nous avons affaire à la pression et au flux, dans la définition ordinaire de ces termes. Si on laisse la pression augmenter jusqu'à une valeur considérable et le débit diminuer en conséquence, de telles impulsions – qui ne sont en fait que des variations de pression – peuvent sans aucun doute être transmises par un fil, même si leur fréquence est de plusieurs centaines de millions par seconde. Il serait bien sûr inenvisageable de transmettre de telles impulsions à travers un fil immergé dans un milieu gazeux, même si le fil était muni d'une épaisse et excellente isolation, car la majeure partie de l'énergie serait perdue dans le bombardement moléculaire et l'échauffement qui en résulterait. L'extrémité du fil connectée à la source serait chauffée, et l'extrémité distante ne recevrait qu'une infime partie de l'énergie fournie. La première nécessité, donc, si l'on veut utiliser de telles impulsions électriques, est de trouver des moyens de réduire au maximum la dissipation.

La première approche consiste à utiliser le fil le plus fin possible, entouré de l'isolant le plus épais possible. L'idée suivante est d'utiliser des filtres électrostatiques. L'isolation du fil peut être recouverte d'un mince revêtement conducteur et ce dernier peut être relié au sol. Mais cela ne fonctionnerait pas, car toute l'énergie passerait alors à travers la couche conductrice jusqu'au sol et rien n'arriverait à l'extrémité du fil. Si une connexion au sol est réalisée, elle ne peut l'être que par un conducteur offrant une importante impédance, ou par un condensateur à faible capacité. Mais cela ne résout pas les autres difficultés.

Si la longueur d'onde des impulsions est beaucoup plus petite que la longueur du fil, des ondes courtes correspondantes seront envoyées dans le revêtement conducteur, ce qui revient plus ou moins au même que si le revêtement était directement relié au sol. Il est donc nécessaire de découper la couche en sections beaucoup plus courtes que la longueur d'onde. Un tel dispositif ne permet pas encore d'obtenir un filtrage parfait, mais il est néanmoins bien moins mieux que rien. Je pense qu'il est préférable de découper la couche conductrice en petites sections, même si les ondes de courant sont beaucoup plus longues que la couche. Si un fil était muni d'un filtre électrostatique parfait, cela reviendrait à retirer tous les objets à une distance illimitée. La capacité serait alors réduite à la capacité du fil lui-même, qui serait très petite. Il serait alors possible d'envoyer sur le fil des vibrations de courant de très haute fréquence à une distance énorme sans affecter grandement le caractère des vibrations. Un filtrage parfait est bien sûr exclu, mais je pense qu'avec un fil comme celui que je viens de décrire, la téléphonie pourrait être rendue possible de l'autre côté de l'Atlantique. Nous pouvons suggérer que, le fil recouvert de gutta-percha devrait être muni d'un troisième revêtement conducteur subdivisé en sections. Au-dessus de celle-ci devrait être à nouveau placée une couche de gutta-percha et d'autres isolants, et par-dessus tout le blindage. Mais de tels câbles ne seront pas construits, car sous peu l'innovation, transmise sans fil – se propagera dans le sol comme une impulsion à travers un organisme vivant. Ce qui est étonnant, c'est qu'en l'état actuel des connaissances et des expériences acquises, aucune tentative n'est faite pour perturber l'état électrostatique ou magnétique de la terre, et transmettre, ne serait-ce que l'innovation.

En présentant ces résultats, mon principal objectif a été de mettre en évidence des phénomènes ou des caractéristiques nouvelles, et de faire avancer des idées qui, je l'espère, serviront de point de départ à de nouveaux projets. J'ai voulu vous faire découvrir ce soir des expériences inédites. Vos encouragements si répétés et si chaleureux m'ont permis de constater que j'ai accompli ma tâche. En conclusion, permettez-moi de vous remercier de tout cœur pour votre gentillesse et votre attention, et de vous assurer que l'honneur que j'ai eu de m'adresser à un public aussi distingué, le plaisir que j'ai eu de présenter ces résultats à un si grand nombre de personnes compétentes et également parmi vous certains de ceux dont le travail, pendant de nombreuses années, m'a inspiré et m'a apporté un plaisir de chaque instant, je ne l'oublierai jamais.

Discovery Publisher

Les Éditions **Discovery** est un éditeur multimédia dont la mission est d'inspirer et de soutenir la transformation personnelle, la croissance spirituelle et l'éveil. Avec chaque titre, nous nous efforçons de préserver la sagesse essentielle de l'auteur, de l'enseignant spirituel, du penseur, guérisseur et de l'artiste visionnaire.